本书受山西省本科教学质量提升工程项目（J2020287）、五台山文化生态研究院项目资助（五台山旅游知识图谱的构建及景点推荐算法研究）、山西省教育厅科技创新项目（NO. 2019L0847，电商网站中托攻击用户的自动识别研究）、忻州师范学院教改创新项目（JGYB202115，基于 OBE 教育理念的网络技术类课程思政研究）资助

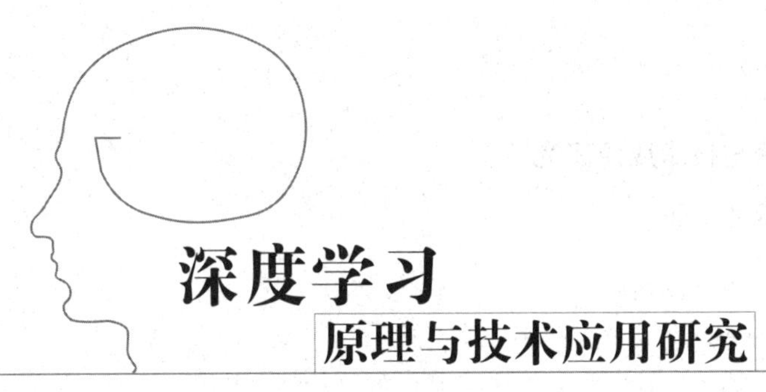

深度学习

原理与技术应用研究

张　静　胡玉兰　著

电子科技大学出版社
University of Electronic Science and Technology of China Press
·成都·

图书在版编目(CIP)数据

深度学习原理与技术应用研究 / 张静，胡玉兰著
. — 成都：电子科技大学出版社，2021.12
ISBN 978-7-5647-9402-6

Ⅰ. ①深… Ⅱ. ①张… ②胡… Ⅲ. ①机器学习
Ⅳ. ①TP181

中国版本图书馆CIP数据核字（2021）第279154号

深度学习原理与技术应用研究

张 静 胡玉兰 著

策划编辑 杜 倩 李述娜
责任编辑 李述娜
助理编辑 许 薇

出版发行 电子科技大学出版社
成都市一环路东一段159号电子信息产业大厦九楼 邮编 610051
主 页 www.uestcp.com.cn
服务电话 028-83203399
邮购电话 028-83201495

印 刷 石家庄汇展印刷有限公司
成品尺寸 170mm × 240mm
印 张 11
字 数 210千字
版 次 2021年12月第1版
印 次 2021年12月第1次印刷
书 号 ISBN 978-7-5647-9402-6
定 价 69.00元

前　言

深度学习理论是由杰弗里·辛顿（Geoffrey Hinton）等于2006年提出的，其概念源于人工神经网络的研究。深度学习通过组合低层特征来形成更加抽象的高层表示属性类别或特征，以发现数据的分布式特征表示。

深度学习在短短数年间迅猛发展，颠覆了语音识别、图像分类、文本理解等领域的算法设计思路，逐渐形成了一种从训练数据出发，经过一个端到端的模型，然后输出得到最终结果的新模式。这一创新不仅使整个系统变得更加简洁，还使任务准确度能够通过综合调整深度神经网络中各个层的特征信息得以不断提升。随着大数据时代的到来和电子技术的飞速发展，深度学习可以充分利用各种海量数据（无论是标注数据、弱标注数据，还是数据本身）完全自动地学习深层的知识表达，即把原始数据浓缩成某种知识。

深度学习是一门融合脑科学、心理学、计算机科学、软件工程、程序设计、并行计算等多方面知识的复杂技术。掌握了深度学习，读者将会把计算机领域的相关技术构建成一个更加清晰的知识图谱，即使在计算机科学领域知识不断拓展，新概念、新知识层出不穷的今天，掌握深度学习的核心思想与技术对优化个人知识结构、提高综合能力也是大有裨益的。另外，深度学习不仅是一门抽象的理论技术，还是一种“鲜活的”“有温度”的思维模式。深度学习的核心思维模式具有普遍适用性，因此笔者也希望本书在思维模式上对读者有所启发。

得益于深度学习强大的特征提取能力，及其在计算机视觉、语音识别、大数据等领域取得的巨大成功，深度学习已经进入人们的视野。它其在实际工程运用方面具有良好的发展前景，并已成为当前的热点研究方向。

本书属于计算机技术方面的著作，由绪论、深度学习的基础、深度学习开发环境概述、神经网络原理与实现、经典深度学习网络模型和深度学习技术的应用几部分组成。全书以深度学习为核心，从概念、理论、方法等角度详细介绍了深度学习，并论述了深度学习的不同应用，对计算机技术相关方面的研究者与从业人员具有一定的学习和参考价值。

著　者

2021 年 10 月

目　录

第一章　绪论　/　001

第一节　深度学习的概述　/　001

第二节　深度学习的研究现状　/　013

第二章　深度学习的基础　/　015

第一节　数学基础　/　015

第二节　机器学习基础　/　019

第三节　最优化理论基础　/　023

第三章　深度学习开发环境概述　/　028

第一节　深度学习硬件环境　/　028

第二节　深度学习软件环境　/　031

第三节　TensorFlow 平台　/　032

第四节　PyTorch 平台　/　034

第四章　神经网络原理与实现　/　039

第一节　神经网络模型与神经网络学习方法　/　039

第二节　神经网络的数学解释　/　060

第三节　简单神经网络的实现　/　063

第五章　经典深度学习网络模型　/　070

第一节　卷积神经网络　/　070

第二节　循环神经网络　/　077

第三节　胶囊神经网络　/　091

第四节　生成对抗网络　/　099

第六章　深度学习技术的应用　/　106

第一节　深度学习技术在自然语言处理中的应用　/　106

第二节　深度学习技术在图像处理中的应用　/　138

第三节　深度学习技术在多模态学习中的应用　/　161

参考文献　/　168

第一章　绪　　论

第一节　深度学习的概述

一、深度学习的基本内容

深度学习作为机器学习研究中的一个新的领域，其目的在于通过模拟人脑的神经元处理数据的机制，建立深层次的网络结构来进行特征提取，从而获得逼近人类理解和处理数据的能力。

深度学习是相对于浅层学习而言的，目前大多数分类、回归等学习算法都属于浅层学习或者浅层结构。浅层结构通常只包含一层或两层的非线性特征转换层。典型的浅层结构有高斯混合模型（GMM）、隐马尔可夫模型（HMM）、条件随机场（CRF）、最大熵模型（MEM）、逻辑回归（LR）、支持向量机（SVM）和多层感知器（MLP）。其中，最成功的分类模型是SVM。SVM使用一个浅层线性模式分离模型，当不同类别的数据向量在低维空间无法划分时，SVM会将它们通过核函数映射到高维空间并寻找最优分类超平面。

浅层结构学习模型的一个共性是仅含单个将原始输入信号转换到特定问题空间特征的简单结构。浅层模型的局限性对复杂函数的表示能力有限，针对复杂分类问题，其泛化能力受到一定的制约，难以解决一些更加复杂的自然信号处理问题，如人类语音和自然图像等。深度学习可通过学习一种深层非线性网络结构，表征输入数据，实现复杂函数逼近，并展现了强大的从少数样本集中学习数据集本质特征的能力。

加拿大蒙特利尔大学教授约书亚·本吉奥（Yoshua Bengio）提出，深度学习的基础是机器学习领域中的分布式表示。分布式表示设定的观测值是由不同因子相互作用生成的。在此基础上，深度学习进一步假定这一相互作用的过程可以划分为多个层次，代表对观测值的多层抽象，不同的层数和层的规模能够实现不同程度的抽象。因此，深度学习中高层次的抽象通常是在低层次的抽象的基础上学习得到的。

深度学习本质上就是一个多层的神经网络，但是以下三个方面的瓶颈使深层神经网络在早期无法取得突破性进展。

（1）优化方面的瓶颈。优化策略的核心方法是随机梯度下降法，但该方法对一个深层网络而言，其函数的梯度非常复杂。因此，误差反向传播算法经常出现梯度消失或者梯度爆炸的问题，导致模型难以优化。同时，由于深层神经网络有着复杂的非线性网络结构，存在太多局部最优值，通常难以获得全局最优值。

（2）数据方面的瓶颈。早期数据集的规模非常小，研究者都在解决小样本集上的过拟合问题，而深层网络在数据量不足的情况下存在着严重的过拟合现象，这使深层网络模型难以适用真实环境。

（3）计算能力方面的瓶颈。深度学习的典型算法——卷积神经网络（CNN）在20世纪90年代就已经出现了，但是由于当时的计算机的计算能力无法支撑大规模的网络结构运算，影响了研究者对一系列深度学习算法的进一步研究。

当前，由于深层神经网络训练新方式出现、机器学习算法研究大有进展、训练数据集爆炸性增长、计算机芯片处理性能的巨大提升等，上述三方面的瓶颈得以打破，进而促进了深度学习的兴起。

在深度学习研究领域中，通常根据是否需要标注数据，深度学习模型分为以下三类。

（1）无监督深度学习模型。无监督深度学习模型主要针对模式分析和模式合成任务，用于在没有类别标注的情况下获得数据的高阶相关性。常见的无监督深度学习模型有深度玻尔兹曼机（DBM）、受限玻尔兹曼机（RBM）、深度置信网络（DBN）等。

（2）有监督深度学习模型。有监督深度学习模型可直接用于模式分类任务，其数据的类别标签为人工直接或间接给出。常见的有监督深度学习模型有深度神经网络（DNN）、递归神经网络（RNN）、卷积神经网络（CNN）。本书所讨论的深度学习模型均是有监督深度学习模型。

（3）混合深度学习模型。混合深度学习模型的目标是构建有监督深度学习模型，但常以无监督深度学习模型的结果作为重要辅助或者作为有监督深度学习模型的输入，该模型最终使用有监督深度学习模型进行分类。

深度学习模型与传统的机器学习模型的不同点表现在以下几方面：

（1）深度学习模型具有很多的层次结构，通常具有5层、6层，甚至10多层的隐含层结构；传统的机器学习模型通常只有一层网络结构，经模型训练的是没有层次结构的单层特征。

（2）深度学习模型通过逐层特征变换，将样本特征从原空间转换到新的特征空间，实现了自主的特征学习，进而实现更为精确的分类或预测；传统的机器学习模型依赖人工构建的样本特征，强调模型的主要功能是分类或预测，因此人工特征的好坏会直接影响整个算法性能的好坏。[①]

二、深度学习的基本思想

深度学习理论源于对人工神经网络的深入研究。通常认为，含有多个隐含层的多层神经网络模型便是一种深度学习模型。多层神经网络模型是由大量的神经元组成的，每层神经元接受上一层（低层）神经元的输出，并经过输入与输出间的非线性映射将低层特征组合为较高层的特征。这种特征学习是一种自主学习过程，正是通过这种自下而上的特征学习，该模型形成了多层次的抽象表示，并根据输入样本自动学习，得到每个层次的特征，最后使用分类器或匹配模型对最终的输出特征实现分类识别，以此来处理复杂的模式识别问题。

本书通过延续两层神经网络的方式设计了一个多层神经网络，并在两层神经网络的输出层后面，继续添加层次。原来的输出层变成了隐含层，新加的层次成为新的输出层，所以可以得到图 1–1 所示的多层神经网络。

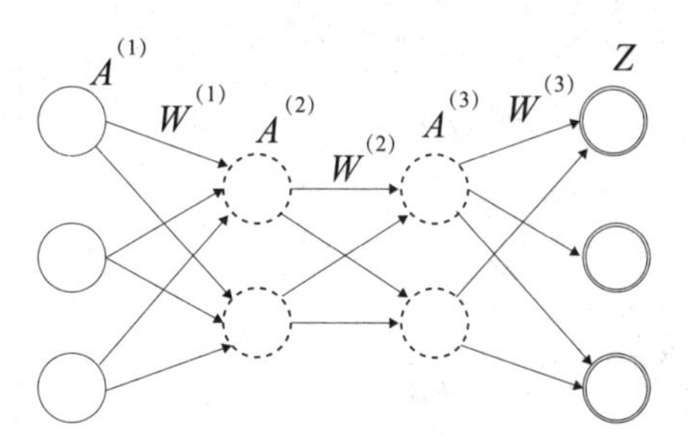

图 1–1 多层神经网络

按照这样的方式不断添加，我们可以得到更多层的多层神经网络。公式推导的过程与两层神经网络类似，如果使用矩阵运算，则只需添加一个公式。在已知输入 $A^{(1)}$，参数 $W^{(1)}$，$W^{(2)}$，$W^{(3)}$ 的情况下，输出 Z 的推导公式如下：

$$A^{(2)}=g\left(W^{(1)}\cdot A^{(1)}\right) \tag{1–1}$$

① 成科扬，王宁，师文喜，等. 深度学习可解释性研究进展 [J]. 计算机研究与发展，2020，57（6）：1208–1217.

$$A^{(3)}=g\left(W^{(2)}\cdot A^{(2)}\right) \tag{1-2}$$

$$Z=g\left(W^{(3)}\cdot A^{(3)}\right) \tag{1-3}$$

在多层神经网络中，输出也是按照一层一层的方式来计算的。从最外面的层开始，所有单元的值计算出以后，再继续计算更深一层。只有当前层所有单元的值都计算完毕以后，才会计算下一层，这个过程叫“正向传播”。

下面讨论一下多层神经网络中的参数，如图 1–2 所示。从图 1–2 可以看出，$W^{(1)}$ 有 6 个参数，$W^{(2)}$ 有 4 个参数，$W^{(3)}$ 有 6 个参数，所以整个神经网络中的参数有 16 个。假设我们将隐含层的节点数做一下调整，第一个隐含层被改为 3 个单元，第二个隐含层被改为 4 个单元，经过调整以后，整个网络的参数变成了 33 个。虽然层数保持不变，但是第二个神经网络的参数数量是第一个神经网络参数数量的 2 倍多，从而带来了更好的表示能力。这里需要注意的是，表示能力是多层神经网络的一个重要性质。显然，在参数一致的情况下，我们也可以获得一个“更深”的网络。

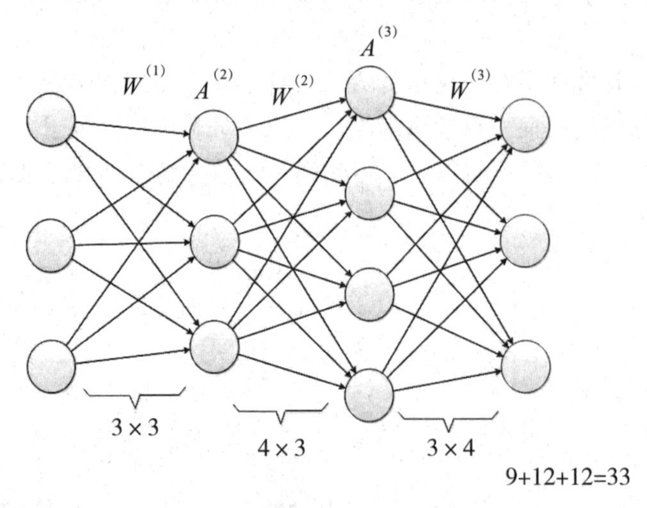

图 1–2　多层神经网络（较多参数）

与两层神经网络不同，多层神经网络中的层数增加了很多。增加更多的层次的好处就是具有了更深入的表示特征以及更强的函数模拟能力。

更深入的表示特征是指随着网络层数的增加，每一层对前一层次的抽象表示更深入。在神经网络中，每一层神经元学习到的是前一层神经元值的更抽象的表示。例如，第一个隐含层学习到的是“边缘”的特征，第二个隐含层学习到的是由“边缘”组成的“形状”的特征，第三个隐含层学习到的是由“形状”组成的“图案”的特征，第四个隐含层学习到的是由“图案”组成的“目标”的特征。抽取更抽象的特征来对事物进行区分，从而获得更好的区分与分类能力。

更强的函数模拟能力是指随着层数的增加，整个网络的参数就越多。神经网络的本质就是模拟特征与目标之间的真实关系函数的方法，更多的参数意味着其模拟的函数可以更加复杂，可以有更多的容量去拟合真正的关系。

通过研究发现，在参数数量相同的情况下，更深的网络往往具有比浅层的网络更好的识别效率。这点也在 ImageNet（图像网络）的多次大赛中得到了证实。从 2012 年起，每年获得 ImageNet 冠军的深度神经网络的层数逐年增加。2015 年，GoogLeNet（谷歌网络）是一个多达 22 层的神经网络。在最新一届的 ImageNet 大赛上，目前拿到最好成绩的 MSRA 团队的方法使用的更是一个多达 152 层的网络。

深度学习的多层次抽象能力使它能解决复杂的模式识别难题。因此，深度学习被应用于各个领域并取得了巨大的成功，如图像识别领域、语言识别领域、情感分类领域。

三、深度学习的发展

（一）从感知机到神经网络

1. 最简单的神经网络结构——感知机

1943 年，心理学家沃伦·麦卡洛克（Warren Mcculloch）和数理逻辑学家沃尔特·皮兹（Walter Pitts）在合作的论文中给出了人工神经网络的概念及人工神经元的数学模型，从而开创了人类神经网络研究的时代。

1949 年，心理学家唐纳德·赫布（Donald Hebb）在论文中提出了神经心理学理论。他认为，神经网络的学习过程最终发生在神经元之间的突触部位，突触的联结强度随着突触前后神经元的活动而变化，变化的量与两个神经元的活性之和成正比。

1956 年，心理学家弗兰克·罗森布拉特（Frank Rosenblatt）受到这种思想的启发，认为这个简单想法足以创造一个可以学习识别物体的机器，并设计了算法和硬件。直到 1957 年，Frank Rosenblatt 在 *New York Times* 上发表文章“Electronic ‘Brain’ Teaches Itself”，首次提出了可以模拟人类感知能力的机器，并称之为感知机。

感知机是有单层计算单元的神经网络，由线性元件及阈值元件组成。

Frank Rosenblatt 对 Hebb 的理论猜想提出了数学论证方法。感知机的数学模型（阈值）为

$$Y = f\left(\sum_{i=0}^{\infty} W_i X_i - \theta\right) \tag{1-4}$$

其中，f 是阶跃函数，并且有

$$u=\begin{cases}\sum_{i=0}^{\infty} W_i X_i - \theta > 0,\ f(u)=1 \\ \sum_{i=0}^{\infty} W_i X_i - \theta \leqslant 0,\ f(w)=1\end{cases} \tag{1-5}$$

感知器的最大作用就是对输入的样本进行分类，故它可以作为分类器。感知器可以将输入信号分为 A 类和 B 类。

当感知器的输出为 1 时，输入样本为 A 类；当输出为 –1 时，输入样本为 B 类。由此可知感知器的分类边界是

$$\sum_{i=0}^{\infty} W_i X_i - \theta = 0 \tag{1-6}$$

在输入样本只有两个分量 X_1 和 X_2 时，则分类边界条件为

$$\sum_{i=0}^{2} W_i X_i - \theta = 0 \tag{1-7}$$

即

$$W_1X_1+W_2X_2-\theta=0 \tag{1-8}$$

2. 感知机算法

感知机学习算法的目的在于计算出恰当的权系数（W_1，W_2，…，W_n），使系统对一个特定的样本（X_1，X_2，…，X_n）产生期望值 d。

感知机学习算法步骤如下：

（1）对权系数设置初值。

（2）输入一个样本（X_1，X_2，…，X_n）以及它的期望值 d。

（3）计算实际输出值：

$$Y = F\left[\sum_{i=0}^{\infty} W_i X_i - \theta\right] \tag{1-9}$$

（4）根据实际输出计算误差 e：

$$e=d-Y \tag{1-10}$$

（5）用误差 e 去修改权系数：

$$W_i(t+1)=W_i(t)+\eta eX_i,\ i=1,2,\cdots,n,n+1 \tag{1-11}$$

（6）转到第（2）步，一直执行到一切样本均稳定为止。

感知机是整个神经网络的基础，神经元通过激励函数确定输出，神经元之间通过权值传递能量，权重的确定根据误差进行调节。这个方法的前提条件是：整个网络是收敛的。

Frank Rosenblatt 在 1958 年发表的文章“The Perception: A Probabilistic Model for Information Storage and Organization in the Brain”里论述了有关感知机的成果。1962 年，他又出版了 *Principle of Neurodynamics: Perceptrons and the Theory of Brain Mechanisms* 一书，向大众深入解释了感知机的理论知识及背景假设，介绍了一些重要的概念及定理证明，如感知机收敛定理。

3. 单层感知机的局限性

单层感知机仅对线性问题具有分类能力，即仅用一条直线就可分割图形，如图 1-3 所示。还有逻辑“与”和“或”，采用一条直线分割 0 和 1，如图 1-4 所示。

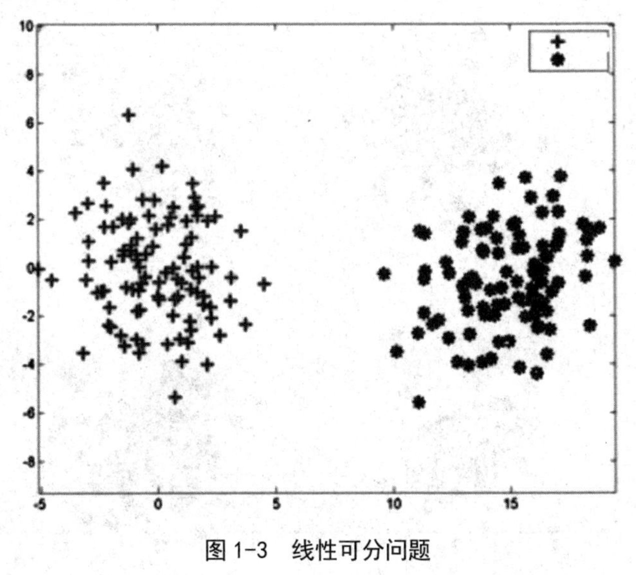

图 1-3 线性可分问题

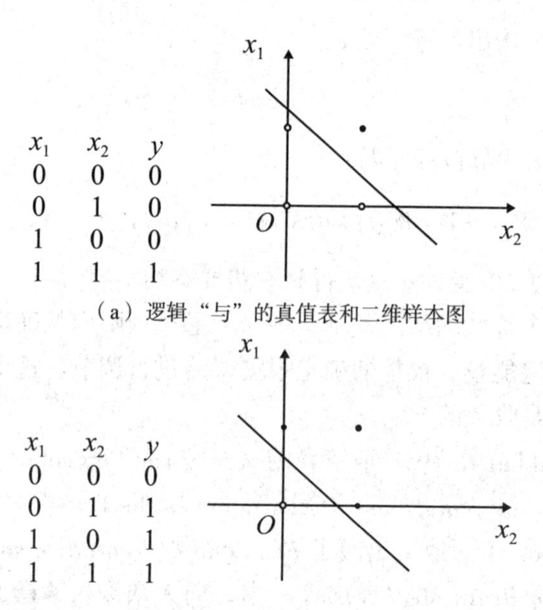

（a）逻辑“与”的真值表和二维样本图

（b）逻辑“或”的真值表和二维样本图

图 1-4　逻辑“与”和“或”的线性划分

但是，如果让感知机解决非线性问题，单层感知机就无能为力了，如图1-5所示。例如，“异或”就是非线性运算，无法用一条直线分割开来，如图1-6所示。

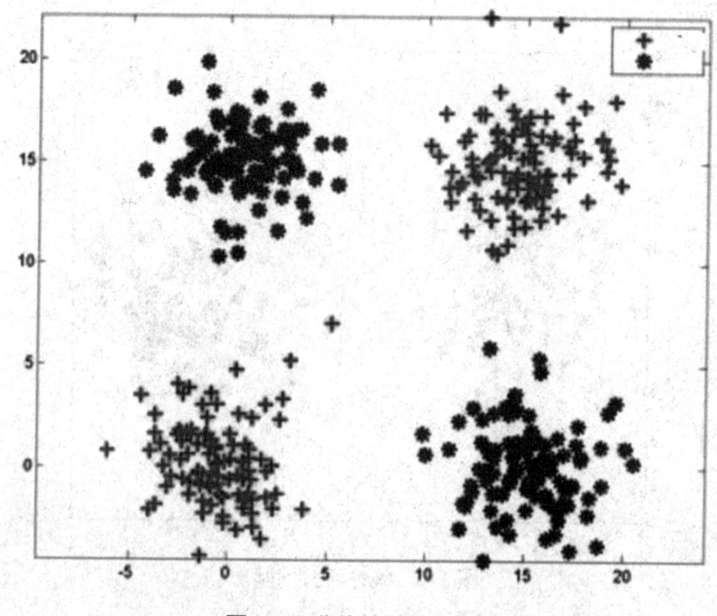

图 1-5　非线性不可分问题

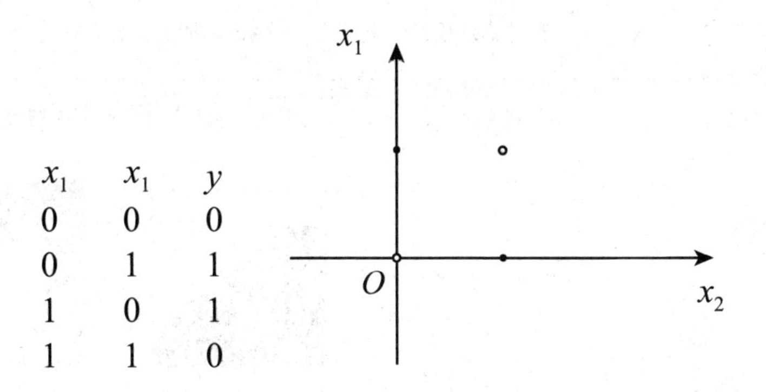

图 1-6 逻辑“异或”的非线性不可分

4. 多层感知机的瓶颈

虽然感知机最初被认为有着良好的发展潜能，但是感知机最终被证明不能处理诸多的模式识别问题。1969 年，马文·明斯基（Marvin Minsky）和西蒙·派珀特（Seymour Papery）仔细分析了以感知机为代表的单层感知机在计算能力上的局限性，证明感知机不能解决简单的异或等线性不可分问题，但 Rosenblatt、Minsky 及 Papert 等在当时已经了解到多层神经网络能够解决线性不可分的问题。

既然一条直线无法解决分类问题，当然就会有人想到用弯曲的折线来对样本进行分类，因此在单层感知机的输入层和输出层之间加入隐含层，就构成了多层感知机，目的是通过凸域能够正确分类样本。多层感知机结构如图 1-7 所示。

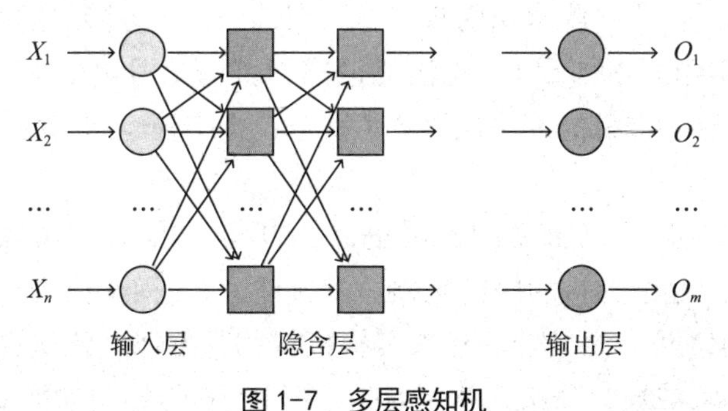

图 1-7 多层感知机

对单层感知机和多层感知机的分类能力进行比较，见表 1-1 所列。

表 1-1　单层感知机和多层感知机的分类能力比较

结　构	决策区域类型	区域形状	异或问题
无隐层 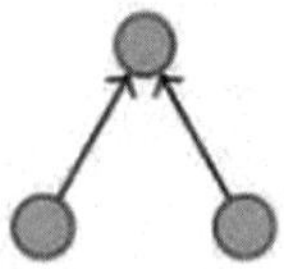	由一超平面分成两个		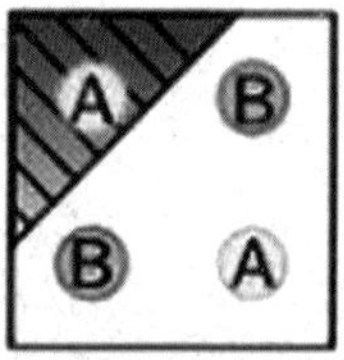
单隐层 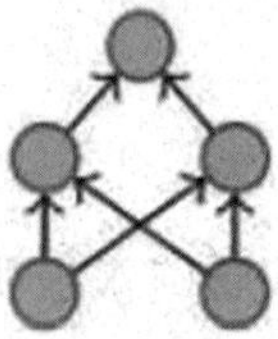	开凸区域或闭凸区域		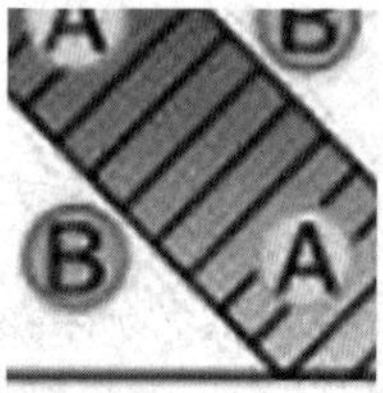
双隐层 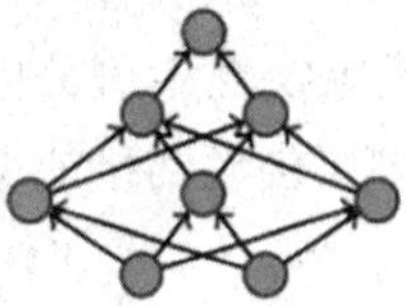	任意形状（其复杂度由单元数目确定）		

由表 1-1 可知，随着隐含层的层数增多，凸域将可以形成任意的形状，因此可以解决任何复杂的分类问题。虽然多层感知机是非常理想的分类器，但是问题也随之而来：隐含层的权值怎么训练？对于各隐层的节点来说，它们并不存在期望输出，所以也无法通过感知机的学习规则来训练多层感知机。因此，多层感知机的训练也遇到了困难，人工神经网络的发展进入了低潮期。

关于人工神经网络最初的发展史，1969 年，Marvin Minsky 和 Seymour Papert 提出了上述感知机的研究瓶颈，指出理论上还不能证明将感知机模型扩展到多层网络是有意义的。对人工神经网络（ANN）的研究，始于 1890 年美国心理学家威廉·詹姆斯（W.James）对人脑结构与功能的研究；半个世纪后，莫克罗（W.S.McCulloch）和彼特（W.A.Pitts）提出了 M-P 模型；之后的 1958 年，Frank Rosenblatt 在这个基础上又提出了感知机，此时对 ANN 的研究正处在升温阶段。《并行分布式处理》这本书的出现对刚刚燃起的人工神经网络之火泼了一大盆冷水。一时间，人们仿佛感觉以感知机为基础的 ANN 的研究突然走到了尽头。于是，几乎所有为 ANN 提供的研究基金都枯竭了，很多领域的专家纷纷放弃了这方面课题的研究。

5. 神经网络的崛起

真理的果实总是垂青于能够坚持研究的科学家。尽管 ANN 的研究陷入了前所未有的低谷，但仍有为数不多的学者致力 ANN 的研究。直到 1982 年，美国加州理工学院的物理学家霍普菲尔德（John J.Hopfield）博士提出了 Hopfield 网络，鲁梅尔哈特（David E.Rumelhart）以及麦克莱兰（Meclellan）于 1985 年发展了 BP 网络学习算法，实现了明斯基的多层网络设想。这两个成果重新激起了人们对 ANN 的研究兴趣，使人们对模仿脑信息处理的智能计算机的研究重新燃起了希望。

前者暂不讨论，后者对具有非线性连续变换函数的多层感知器的误差反向传播（error back propagation）算法进行了详尽的分析，实现了 Minsky 关于多层网络的设想。误差反向传播即反向传播（backpropagation algorithm，BP）算法。

前面我们说到，多层感知器在如何获取隐含层的权值的问题上遇到了瓶颈。既然我们无法直接得到隐含层的权值，就先通过输出层得到输出结果和期望输出的误差，再间接调整隐含层的权值。BP 算法就是采用这样的思想设计出来的算法。它的基本思想如下：学习过程由信号的正向传播与误差的反向传播两个过程组成。

当正向传播时，输入样本从输入层传入，经各隐含层逐层处理后，传向输出层。若输出层的实际输出与期望的输出不符，则转入误差的反向传播阶段。

当反向传播时，输出以某种形式通过隐含层向输入层逐层反传，同时误差将被分摊给各层的所有单元，从而获得各层单元的误差信号，此误差信号即作为修正各单元权值的依据。

结合了 BP 算法的神经网络称为 BP 神经网络。在 BP 神经网络模型中，采用反向传播算法所带来的问题如下：基于局部梯度下降对权值进行调整，容易出现梯度弥散（gradient diffusion）现象，根源在于非凸目标代价函数导致求解陷入局部最优，而不是全局最优。而且，随着网络层数的增多，这种情况会越来越严重。这一问题的产生制约了神经网络的发展。

（二）神经网络之后的又一突破——深度学习

直至2006年，加拿大多伦多大学教授杰弗里·辛顿（Geoffrey Hinton）对深度学习的提出以及模型训练方法的改进打破了BP神经网络发展的瓶颈。Hinton在世界顶级学术期刊《科学》上的一篇论文中提出了两个观点：①多层人工神经网络模型有很强的特征学习能力，通过深度学习模型学习得到的特征数据对原始数据有更本质的代表性，这将大大有利于解决分类和可视化问题；②对于深度神经网络很难通过训练达到最优的问题，可以采用逐层训练方法解决，将上层训练好的结果作为下层训练过程中的初始化参数。[①]

值得一提的是，从感知机诞生到神经网络的发展，再到深度学习的萌芽，深度学习的发展并非一帆风顺。直到2006年，Geoffrey Hinton提出深度置信网由一系列受限玻尔兹曼机组成，提出非监督贪心逐层训练算法后，应用效果才取得突破性进展。其与之后Ruslan Salakhutdinov提出的深度玻尔兹曼机（deep boltzmann machine，DBM）重新点燃了人工智能领域对神经网络和玻尔兹曼机的热情，才由此掀起了深度学习的浪潮。从目前的最新研究进展来看，只要数据足够大、隐含层足够深，即便不加“Pre-Training”，深度学习也可以取得很好的结果，反映了大数据和深度学习相辅相成的内在关系。

深度学习可以分为三类：①生成型深度结构。生成型深度结构的目的是在模式分析过程中描述观察到的课件数据的高阶相关属性，或者描述课件数据和其相关类别的联合概率分布。由于不关心数据的标签，人们经常使用非监督特征学习。当将生成模型结构应用到模式识别中时，一个重要的任务就是预训练。但是，当训练数据有限时，学习较低层的网络是困难的。因此，一般采用先学习每一个较低层，再学习较高层的方式，通过逐层训练，实现从下向上分层学习。自编码器、受限玻尔兹曼机、深度置信网络等属于生成型深度结构的深度学习模型。②判别型深度结构。判别型深度结构的目的是描述可见数据的类别的后验概率分布，并为模式分类提供辨别力。卷积神经网络和深凸网络等属于判别型深度结构的深度学习模型。③混合型深度结构。混合型深度结构的目的是对数据进行判别，其是一种包含了生成和判别两部分结构的模型。在应用生成型深度结构解决分类问题时，因为现有的生

---

① HINTON G E，OSINDERO S，TEH Y W. A fast learning algorithm for deep belief nets[J]. Neural Computation，2014，18（7）：1527-1554.

成型结构大多数用于对数据进行判别，所以可以结合判别型模型在预训练阶段对网络的所有权值进行优化，如通过深度置信网络进行预训练后的深度神经网络。

第二节　深度学习的研究现状

深度学习极大地促进了机器学习的发展，受到世界各国相关领域研究人员和高科技公司的高度重视，语音、图像和自然语言处理是深度学习算法应用最广泛的三个主要研究领域。

一、深度学习在语音识别领域的研究现状

长期以来，语音识别系统大多采用高斯混合模型（GMM）来描述每个建模单元的概率模型。这种模型估计简单，方便使用大规模数据对其进行训练，因此在很长时间内在语音识别应用领域占据主导地位。但是，GMM 实质上是一种浅层学习网络模型，特征的状态空间分布不能够被充分描述。而且，使用 GMM 建模数据的特征维数通常只有几十维，这使特征之间的相关性不能被充分描述。另外，GMM 建模实质上是一种似然概率建模方式，即使一些模式分类之间的区分性能够通过区分度训练模拟得到，效果也有限。

微软公司推出了基于深度神经网络的语音识别系统，这一成果完全改变了语音识别领域已有的技术框架。采用深度神经网络后，样本数据特征间的相关性信息得以充分表示，将连续的特征信息结合构成高维特征，通过高维特征样本对深度神经网络模型进行训练。深度神经网络采用了模拟人脑的神经架构，通过逐层进行数据特征提取，最终得到了适合进行模式分类处理的理想特征。

二、深度学习在图像识别领域的研究现状

图像处理是深度学习算法最早尝试应用的领域。早在 20 世纪，加拿大多伦多大学教授杨立昆（Yann LeCun）就和他的同事提出了卷积神经网络（convolutional neural networks，CNN）。它是一种包含卷积层的深度神经网络模型。通常一个卷机神经网络架构包含两个可以通过训练产生的非线性卷积层、两个固定的子采样层和一个全连接层，隐含层的数量一般至少为 5 个。CNN 的架构设计是受生物学家胡贝（Hube）和维塞尔（Wiesel）的动物视觉模型启发而形成的，尤其是模拟动物视觉皮层的 V1 层和 V2 层中的简

单细胞和复杂细胞在视觉系统的功能。起初，卷积神经网络在小规模的问题上取得了当时世界上最好的成果，但是随后在很长一段时间里一直没有取得重大突破。主要原因是卷积神经网络在大尺寸图像上的应用一直不能取得理想结果，如对像素数很大的自然图像内容的理解，这使它没有引起计算机视觉研究领域足够的重视。2012 年 10 月，欣顿（Hinton）教授以及他的学生采用更深的卷积神经网络模型在著名的 ImageNet 问题上取得了当时世界上最好的结果，这使人们对图像识别领域的研究取得了进一步发展。

自卷积神经网络提出以来，其在图像识别问题上并没有获得质的提升和突破，直到 2012 年 Hinton 构建深度神经网络才取得惊人的成果。这主要是因为，在网络的训练中引入了权重衰减的概念，有效地减小了权重幅度，防止网络过拟合。更关键的是计算机计算能力的提升、GPU 加速技术的发展使网络在训练过程中可以产生更多的训练数据，使网络能够更好地拟合训练数据。我国互联网巨头百度公司已将相关最新技术成功应用到人脸识别和自然图像识别等方面，并推出相应的产品。现在的深度学习网络模型已经能够理解和识别一般的自然图像。深度学习模型不仅大幅提高了图像识别的精度，还避免了消耗大量时间进行人工特征的提取，大大提升了在线运行效率。

三、深度学习在自然语言处理领域的研究现状

自然语言处理领域是深度学习在除语音和图像处理之外的另一个重要的应用领域。语言建模最早采用神经网络进行自然语言处理。美国 NEC 研究院最早将深度学习引入自然语言处理研究中，采用将词汇映射到一维矢量空间和多层一维卷积结构的方法去解决词性标注、分词、命名实体识别和语义角色标注四个典型的自然语言处理问题。他们构建了一个网络模型，用于解决四个不同问题，都获得了相当精确的结果。总体而言，深度学习在自然语言处理上取得的成果和在图像语音识别方面相差甚远，仍有待深入研究。

第二章　深度学习的基础

第一节　数 学 基 础

作为机器学习的一个重要分支，深度学习对矩阵论、概率论等数学基础知识有很高的要求。本节对其中涉及的重要概念与工具做具体讲解。

一、矩阵论基础

矩阵理论是机器学习等领域的有力工具。本节将给出正交矩阵、行列式、矩阵的迹等基本概念，另外还着重介绍矩阵的求导过程。

（一）正交矩阵

设矩阵$\boldsymbol{A}=\left(a_{ij}\right)=\begin{pmatrix} a_{11} & a_{12} & \cdots & a_{1n} \\ a_{21} & a_{22} & \cdots & a_{2n} \\ \vdots & \vdots & & \vdots \\ a_{n1} & a_{n2} & \cdots & a_{nn} \end{pmatrix}$是 n 阶方阵，若 $\boldsymbol{A}$ 满足 $\boldsymbol{A}^{\mathrm{T}}\boldsymbol{A}=\boldsymbol{I}_n$，其中 $\boldsymbol{A}^{\mathrm{T}}$ 表示矩阵 $\boldsymbol{A}$ 的转置矩阵，$\boldsymbol{I}_n$ 表示 n 阶单位矩阵，则称矩阵 $\boldsymbol{A}$ 为正交矩阵。正交矩阵在矩阵变换、对角化等方面发挥着重要作用。①

（二）矩阵的行列式

矩阵 $\boldsymbol{A}$ 的行列式定义为

$$|\boldsymbol{A}|=\sum(-1)^{n}a_{1k_1}a_{2k_2}\cdots a_{nk_n} \tag{2-1}$$

式中，k_1，k_2，…，k_n 是自然数 1，2，…，n 的任一排列，k 为该排列的逆序数，上式表示 n！项排列的求和。若 $|\boldsymbol{A}|\neq 0$，则矩阵 $\boldsymbol{A}$ 为可逆矩阵（亦称为非退化矩阵），此时存在唯一的 n 阶方阵 $\boldsymbol{B}=(\boldsymbol{B}_{ij})$，使 $\boldsymbol{AB}=\boldsymbol{I}_n$，记作 $\boldsymbol{B}=\boldsymbol{A}^{-1}$。

① 黄有度，朱士信，殷明．矩阵理论及其应用 [M]. 合肥：合肥工业大学出版社，2018.

矩阵的行列式是矩阵运算的基础，在判定矩阵是否可逆的问题上具有很高的效率。

（三）矩阵的迹

矩阵 $\boldsymbol{A}$ 的迹定义为

$$\operatorname{tr}(\boldsymbol{A})=\sum_{i=1}^{n}a_{ii} \tag{2-2}$$

在特征向量、特征根求解问题上，矩阵的迹是很重要的性质。

（四）矩阵求导

在绪论中，我们初步了解了深度网络的随机梯度下降算法，其中一个重要的概念就是求导。为了便于理解矩阵求导，我们先来定义函数梯度的概念。设 $f(\boldsymbol{X})$ 是定义在 $\mathbf{R}^n$ 上的可微函数，则函数 $f(\boldsymbol{X})$ 在 $\boldsymbol{X}$ 处的梯度 $\nabla f(\boldsymbol{X})$：

$$\nabla f(\boldsymbol{X})=\left(\frac{\partial f(\boldsymbol{X})}{\partial x_1},\frac{\partial f(\boldsymbol{X})}{\partial x_2},\cdots,\frac{\partial f(\boldsymbol{X})}{\partial x_n}\right)^{\mathrm{T}} \tag{2-3}$$

正梯度方向是函数 $f(\boldsymbol{X})$ 在点 $\boldsymbol{X}$ 处增长最快的方向，即函数变化率最大的方向；负梯度方向是函数 $f(\boldsymbol{X})$ 在 $\boldsymbol{X}$ 处下降最快的方向。矩阵求导是神经网络训练算法的核心工具，因此要重点掌握。

1. 行向量对元素求导

设 $\boldsymbol{y}^{\mathrm{T}}=(y_1, y_2, \cdots, y_n)$ 是 n 维行向量，x 是元素，则 $\dfrac{\partial \boldsymbol{y}^{\mathrm{T}}}{\partial x}=\left(\dfrac{\partial y_1}{\partial x},\cdots,\dfrac{\partial y_n}{\partial x}\right)$。

2. 列向量对元素求导

设 $\boldsymbol{y}=\begin{pmatrix} y_1 \\ \vdots \\ y_m \end{pmatrix}$ 是 m 维列向量，x 是元素，则 $\dfrac{\partial \boldsymbol{y}}{\partial x}=\begin{pmatrix} \dfrac{\partial y_1}{\partial x} \\ \vdots \\ \dfrac{\partial y_m}{\partial x} \end{pmatrix}$。

3. 矩阵对元素求导

设 $\boldsymbol{y}=\begin{pmatrix} y_{11} & \cdots & y_{1n} \\ \vdots & & \vdots \\ y_{m1} & \cdots & y_{mn} \end{pmatrix}$ 是 $m\times n$ 矩阵，x 是元素，则 $\dfrac{\partial \boldsymbol{y}}{\partial x}=\begin{pmatrix} \dfrac{\partial y_{11}}{\partial x} & \cdots & \dfrac{\partial y_{1n}}{\partial x} \\ \vdots & & \vdots \\ \dfrac{\partial y_{m1}}{\partial x} & \cdots & \dfrac{\partial y_{mn}}{\partial x} \end{pmatrix}$

（1）矩阵的旋转——向左转、向右转、向后转。矩阵是有方向的，矩阵的方向变换与队列的停止间转法类似。旋转矩阵就是满足在乘一个向量时只改变方向但不改变大小的矩阵，其方向用右手坐标系判定。矩阵旋转的具体操作如下：

① rot（$\boldsymbol{A}$，k），将矩阵 $\boldsymbol{A}$ 逆时针旋转 $k\times 90°$ ，k 取 1，2，3，4。

② fliplr（$\boldsymbol{A}$），将矩阵 $\boldsymbol{A}$ 左右翻转，其中 flipud（$\boldsymbol{A}$）将矩阵 $\boldsymbol{A}$ 上下翻转；flipdim（$\boldsymbol{A}$，1）将矩阵 $\boldsymbol{A}$ 按行翻转；flipdim（$\boldsymbol{A}$，2）将矩阵 $\boldsymbol{A}$ 按列翻转。

（2）矩阵的分块——班队列、排队列、连队列。矩阵的分块操作相当于将队列中的“连”建制拆分为“排”建制，“排”建制再拆分为“班”建制的操作。其中，将大矩阵分割为较小矩阵，这些较小的矩阵就是子块。例如，$\boldsymbol{A}=\begin{pmatrix} \boldsymbol{A}_{11} & \boldsymbol{A}_{12} \\ \boldsymbol{A}_{21} & \boldsymbol{A}_{22} \end{pmatrix}$，该矩阵 $\boldsymbol{A}$ 由四个 2×2 的矩阵构成：$\boldsymbol{A}_{11}=\begin{pmatrix} 1 & 2 \\ 3 & 4 \end{pmatrix}$，$\boldsymbol{A}_{12}=\begin{pmatrix} 11 & 12 \\ 13 & 14 \end{pmatrix}$，$\boldsymbol{A}_{21}=\begin{pmatrix} 12 & 22 \\ 32 & 42 \end{pmatrix}$，$\boldsymbol{A}_{22}=\begin{pmatrix} 13 & 23 \\ 33 & 43 \end{pmatrix}$。

此外，reshape（$\boldsymbol{A}$，m，n）和 repmat（$\boldsymbol{A}$，m，n）可以实现将矩阵 $\boldsymbol{A}$ 复制平铺 $m\times n$ 块，相当于矩阵的分块操作的逆操作。这种分块思想与卷积神经网络中的池化等操作是一致的。

（3）矩阵元素的操作——单兵队列动作。

①提取矩阵 $\boldsymbol{A}$ 的第 r 行元素：$\boldsymbol{A}$（r，：）。

②提取矩阵 $\boldsymbol{A}$ 的第 r 列元素：$\boldsymbol{A}$（：，r）。

③依次提取矩阵 $\boldsymbol{A}$ 的每一列，并将它们拉伸为一个列向量：$\boldsymbol{A}$（：）。

④逆序提取矩阵 $\boldsymbol{A}$ 的第 $i_1\sim i_2$ 行，构成新矩阵：$\boldsymbol{A}$（i_2：-1：i_1，：）。

⑤逆序提取矩阵 $\boldsymbol{A}$ 的第 $j_1\sim j_2$ 列，构成新矩阵：$\boldsymbol{A}$（：，j_2：-1：j_1）。

⑥提取矩阵 $\boldsymbol{A}$ 的第 $i_1\sim i_2$ 行和第 $j_1\sim j_2$ 列，构成新矩阵：$\boldsymbol{A}$（$i_1\sim i_2$，$j_1\sim j_2$）。

⑦矩阵 $\boldsymbol{A}$ 和矩阵 $\boldsymbol{B}$ 被拼接成新矩阵（$\boldsymbol{AB}$）和（$\boldsymbol{A}$；$\boldsymbol{B}$）。

二、概率论基础

概率是集合的函数，用来量化事件发生的可能性。概率计算涉及古典概型、加法公式、条件概率公式、乘法公式、全概率公式和贝叶斯公式等。解决概率问题的关键以及前提是将概率问题用事件来表示，建立集合与概率的对应关系。

概率论的重要结论可总结如下：

（1）必然事件的概率为 1，但概率为 1 的事件不一定是必然事件。

（2）不可能事件的概率为 0，但概率为 0 的事件不一定是不可能事件。

（3）连续型随机变量的分布函数一定连续，但分布函数连续的随机变量不一定是连续型的。

（4）随机变量及随机变量函数、边缘分布和条件分布均属一维分布，因此其分布律具有一维随机变量分布律的所有性质。

（5）二维连续型随机变量在任意曲线上取值的概率一定为零。

（6）二维正态分布不能由其两个边缘分布所唯一确定，即使两个边缘分布都是正态分布，原二维分布也不一定是正态分布。

（7）连续型随机变量的函数不一定是连续型的，因此具有概率密度函数的连续型随机变量的函数不一定具有概率密度。

（8）不是所有一维随机变量都有数学期望。

MATLAB 具有强大的数值计算功能，而且对概率论的命令支持灵活而全面，概率论常用命令总结如下：

（1）古典概型中全排列命令：*n*! 为 prod（1：*n*）或 factorial（*n*）；计算组合命令 nchoosek（*n*，*k*）。

（2）常用统计量命令：均值 mean（*x*），方差 var（*x*），标准差 std（*x*），协方差 cov（*x*），相关系数 corrcoef（*x*），最大值、最小值及其索引下标 [vmaxpos1]=max（*x*），[vminpos2]=min（*x*），中位数 median（*x*），向量极差 max（*x*）–min（*x*）或 range（*x*）。

（3）排序函数 [valpos1]=sort（*x*′，descend′），参数 pos1 为返回元素在原向量中的位置索引。

（4）（0，1）区间上均匀分布随机数 rand（），任意区间（*a*，*b*）上均匀分布随机数 rand（）*（*b*–*a*）+*a*，标准正态随机数 rand（），生成 *m* 个整数随机排列 randperm（*m*）。常用随机分布函数见表 2–1 所列。

表 2-1　常用随机分布函数

分　布	说　明
binornd（N，p，m，n）	N=1 为（0-1）分布
geornd（p，m，n）	参数为 p 的几何分布
poissrnd（lambda，m，n）	参数为 lambda 的泊松分布
unidrnd（N，m，n）	离散型均匀分布
unifrnd（a，b，m，n）	服从（a，b）均匀分布
exprnd（lambda，m，n）	生成均值为 lambda 的指数分布
normrnd（mu，sigma）	生成均值为 mu，标准差为 sigma 的正态分布
chi2rnd（N，m，n）	自由度为 N 的 χ^2 分布
trnd（N，m，n）	自由度为 N 的 t 分布
frnd（N_1，N_2，m，n）	第一自由度为 N_1、第二自由度为 N_2 的 F 分布

第二节　机器学习基础

机器学习的本质就是找到一个很好的函数，可以不断对数据进行学习，让机器从“小白”变“聪明”。因此，机器学习的本质特征就是变“聪明”，即性能提高。下面给出机器学习的形式化定义。

给定数据集 $X=\{x_1，x_2，\cdots，x_n\}$，其中包含 n 个数据样本，样本 $x_i=\{x_{i1}，x_{i2},\cdots,x_{im}\}$ 具有 m 个属性，需要找到从输入空间 X 到输出空间 Y 的函数映射 f：$X\rightarrow Y$，并满足输出空间 Y 可以最好地反映输入空间 X 的特征。这个函数映射就是机器要学习的功能，也就是前面所说的很好的函数。而这个很好的函数就具备很好的功能，机器学习的任务就是要找到那个可以最好地实现某个功能的性能最好的函数。

根据训练机器学习的样本数据是否具有标签，可以将机器学习大致分为两类：监督学习和无监督学习。

一、监督学习

监督学习是“知错就改”的学习方法，主要利用有标签的数据进行模型学习，最后训练出具有预测能力的“机器智能”。按预测结果的性质，监督学习可以分为分类和回归两大类。其中，分类型任务须构造分类器，以实现离散的预测结果，包括著名的朴素贝叶斯、决策树、支持向量机等；回归型任务须预测器实现连续数值函数逼近，其中线性回归和逻辑回归就是监督学习的一个子集。监督学习精度受训练样本量影响较大，同时易出现过拟合、泛化能力差等问题。

监督学习的形式化定义如下：给定有标签数据集 $X=\{(x_1, y_1), (x_2, y_2), \cdots, (x_n, y_n)\}$，须找到从输入空间 X 到输出空间 Y 的函数映射 $f: X \rightarrow Y$，满足输出空间 Y 可以最好地反映输入空间 X 的特征。对于分类任务来讲，输出空间 Y 就是离散的整数集合；对于回归任务来说，输出空间 Y 就是连续空间。

为提高机器学习泛化能力，最好将样本数据划分为互斥的训练集和测试集。我们可以采用 Bagging 算法，具体操作如下：对容量为 m 个样本的数据集 D 生成数据集 D'，通过 bootstrap 自举取样方法，放回式地随机从具有 m 个样本的数据集 D 中选择一个元素放入 D'，执行 m 次后得到包含 m 个元素的数据集 D'。可以得到，样本在 m 次采样中始终不被取到的概率为 $(1-\frac{1}{m})^m$，其极限为 $\lim_{m\to\infty}\left(1-\frac{1}{m}\right)^m=\frac{1}{\mathrm{e}}\approx 0.368$，这样就保证了 D 中有 36.8% 的样本未在 D' 中。这些样本可以作为测试集，而且效果优于传统的留出法和交叉验证法。

二、无监督学习

无监督学习是指用无标签数据来训练学习任务，“物以类聚”是无监督学习的真实写照，可以解决监督学习中训练样本不足的问题。

（一）数据聚类

采用无监督学习方法先做数据聚类，聚类的目的是把数据集划分成多个类簇，要求簇内数据对象尽量相似，不同簇内数据对象尽量不相似，从而发现数据集中潜在的数据特征分布，与分类不同的是进行聚类的数据没有类标记实例。聚类问题可以形式化地描述，如下：给定数据集 $X=\{x_1, x_2, \cdots, x_n\}$，利用某种聚类算法对数据集 X 进行划分，得到聚类结果 $C=\{C_1, C_2, \cdots, C_k\}$。$C_i$ 是 X 的子集，每个集合 C_i 至少包含一个数据对象 x_i，并且每个对象只能属于一个集合 C_i。这里 C 中的成员被称为类。

$$C_1 \cup C_2 \cup \cdots \cup C_k = X \tag{2-4}$$

$$C_i \cap C_j = \varnothing \quad (i \neq j) \tag{2-5}$$

案例:“无监督学习”中的 k-means 聚类。

在 MATLAB 中，只需直接调用 kmeans 函数即可实现对数据的无监督聚类。我们利用轮廓图（silhouette）来展示 k-means 的聚类效果。对于样本点 x_i，其 silhouette 值 $s(x_i)$ 定义为

$$s(x_i)=\frac{b(x_i)-a(x_i)}{\max\{b(x_i),a(x_i)\}} \tag{2-6}$$

$a(x_i)$ 为样本点 x_i 与当前所属类别的差异度（dissimilarity），用于所有样本点的平均距离度量。$b(x_i)$ 为样本点 x_i 与其他类别差异度的最小值。由式（2-6）可知，$s(x_i)$ 接近 1，表示样本点 x_i 更倾向于当前类；$s(x_i)$ 接近 0，表示样本点 x_i 更倾向于在两类之间；$s(x_i)$ 接近 −1 表示样本点 x_i 更倾向于其他类。无监督学习的 k-means 聚类机器轮廓图的计算代码的实现方法如下：

```
01 X = [randn（10,2）+ones（10,2）; randn（10,2）-ones（10,2）];
02 cidx = kmeans（X, 2, 'distance', 'sqeuclid'）;
03 [s,h] = silhouette（X,cidx,'sqeuclid'）; grid on;
04 xlabel 'Silhouette 值 '
05 ylabel ' 类别 '
```

其中，第一行为生成 20×2 的输入样本数据 x，第二行调用 kmeans 函数，表示把样本数据 x 按欧氏距离（欧几里得度量）划分成两个聚类，返回值 cidx 为样本数据 x 的类别标签。第三行调用轮廓图函数 silhouette 来刻画聚类效果，输出结果如图 2-1 所示。

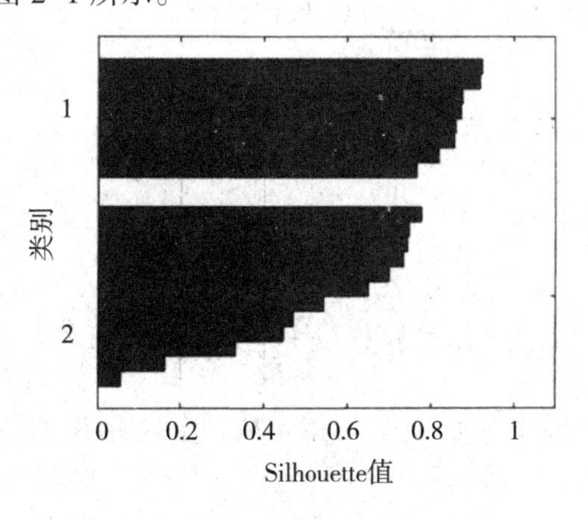

图 2-1　k-means 聚类效果图

（二）性能度量

对机器学习性能的评价是一个重要问题，常用的度量必须满足以下性质（不满足则不能称为度量）。

（1）非负性：$d(i, j) \geqslant 0$。

（2）同一性：$d(i, i)=0$。

（3）对称性：$d(i, j)=d(j, i)$。

（4）三角不等式：$d(i, j) \leqslant d(i, k)+d(k, j)$。

依据上述性质可知，silhouette 值可以作为度量。

1. 均方误差

$$E(f;D)=\frac{1}{m}\sum_{i=1}^{m}\left[f\left(x_i\right)-y_i\right]^2 \tag{2-7}$$

式中，$f(x_i)$ 为预测值，y_i 为真实标签，m 为数据量。

2. 错误率

$$E(f;D)=\frac{1}{m}\sum_{i=1}^{m}\text{number}\left[f\left(x_i\right)\neq y_i\right] \tag{2-8}$$

3. 准确率

$$\text{Accuracy}(f;D)=\frac{1}{m}\sum_{i=1}^{m}\text{number}\left[f\left(x_i\right)=y_i\right]=1-E(f;D) \tag{2-9}$$

4. 查准率 P 与查全率 R

$$P=\frac{TP}{TP+FP} \tag{2-10}$$

$$R=\frac{TP}{TP+FN} \tag{2-11}$$

通常来说，查准率与查全率互相矛盾，分类结果的混淆矩阵见表 2-2 所列。

表 2-2　分类结果的混淆矩阵

真实情况	预测结果	
	正例	反例
正例	TP（true positive）	FN（false negative）
反例	FP（false positive）	TN（true negative）

5. KL 散度

KL 散度（kullback-leibler divergence），也叫相对熵、信息散度，常用于度量两个概率分布之间的差异。概率分布 P 和 Q 间的 KL 散度定义如下：

$$\mathrm{KL}(P|\ Q)=\int_{-\infty}^{+\infty}p(x)\log\frac{p(x)}{q(x)}\mathrm{d}x \tag{2-12}$$

其中，$p(x)$，$q(x)$ 为 P 和 Q 的概率密度函数。但 KL 散度不满足对称性，因此不能作为一个度量。

第三节　最优化理论基础

最优化技术是现代理论与实际应用结合最紧密的一门技术，几乎所有问题都可以归结为最优化问题的求解。它尤其是在现代人工智能领域发挥了重要作用。本节从单目标优化问题、多目标优化问题等技术入手，揭开最优化技术的神秘面纱。

一、单目标优化问题

机器学习的核心任务就是找到一个很好的函数来表征输入和输出的关系，而"很好"就是最优化领域的范畴，而且以梯度下降为代表的深度神经网络参数训练方法就是最优化领域中的经典方法。[①] 因此，在学习深度学习之前，有必要系统地了解最优领域的知识。其实，从某个角度讲，机器学习的本质就是最优化思想的体现，"不求最好，只求更好"。

优化算法对深度学习十分重要。一方面，实际中训练一个复杂的深度学

① 周志华 . 机器学习理论导引 [M]. 北京：机械工业出版社，2020.

习模型可能需要数小时、数日，甚至数周时间。而优化算法的效率直接影响模型训练效率。另一方面，深刻理解各种优化算法的原理以及其中各参数的意义将有助于我们更有针对性地调参，从而使深度学习模型表现得更好。

一般的最优化问题由三要素构成：目标函数、方案模型、约束条件。其数学模型可定义如下。

定义 1：最优化问题的数学模型。最优化（最小化）问题的基本数学模型可表述如下（最小化问题与最大化问题互为对偶问题）：

$$V-\min y=F(x)=\left[f_1(x),\ f_2(x),\cdots,\ f_m(x)\right]^{\mathrm{T}}$$
$$\text{s.t.}\begin{cases}g_i(x)\geqslant 0, i=1,2,\cdots,p\\ h_j(x)=0, j=1,2,\cdots,q\end{cases} \tag{2-13}$$

其中，$x=(x_1, x_2, \cdots, x_n)\in X$，是来自决策空间中可行域的决策变量，$X$ 是实数域中的 n 维决策变量空间；$y=(y_1, y_2, \cdots, y_m)\in Y$，是待优化的目标函数，$Y$ 是实数域中的 m 维目标变量空间。目标函数向量 $F(x)$ 定义了必须同时优化的 m 维目标函数向量；$g_i(x)\geqslant 0$（$i=1, 2, \cdots, p$）为定义的 p 个不等式约束；$h_j(x)=0$（$j=1, 2, \cdots, q$）为定义的 q 个等式约束。

当目标函数的维数 $m=1$ 时，得到单目标优化问题。

$$\min_{X\in\mathbf{R}^n} f(x) \tag{2-14}$$

求解单目标最优化问题的关键是如何构造搜索方向和确定搜索步长，基本思路是采用启发式策略，从已知迭代点 x_k 出发，按照基本迭代公式 $x_{k+1}=x_k+t_kP_k$，求解目标函数的最小值。优化搜索方向 $P_k\in\mathbf{R}^n$ 和搜索步长 $t_k\in\mathbf{R}^n$ 来使下一迭代点 x_{k+1} 处目标函数值下降，即 $f(x_{k+1})<f(x_k)$。针对搜索方向 $P_k\in\mathbf{R}^n$ 的问题，利用一阶或二阶导数的解析法，如沿目标函数负梯度方向和采用最优步长的最速下降法等，针对搜索步长 $t_k\in\mathbf{R}^n$ 的问题，一般采用一维搜索来确定最优步长等方法。

在机器学习中，需要预先定义一个损失函数，再用最优化算法来最小化这个损失函数。在优化中，这个损失函数通常被称为优化问题的目标函数。依据惯例，优化算法通常只考虑最小化目标函数。任何最大化问题都可以很容易地转化为最小化问题：只需把目标函数前面的符号翻转一下。在机器学习中，优化算法的目标函数通常是一个基于训练数据集的损失函数。因此，优化往往有利于降低训练误差。

二、多目标优化问题

多目标优化问题不同于采用小生境算法的多解问题，它既要兼顾多个彼此冲突的目标函数，又要为决策者提供尽可能多的备选方案，以达到辅助决策者进行最优决策的目的。以购买某通信设备为例，其价格从 1 000 元到 5 000 元不等，假设有两个极端的选购方案，如图 2–2 所示，方案 1 的价格为 1 000 元，而方案 2 的价格为 5 000 元。

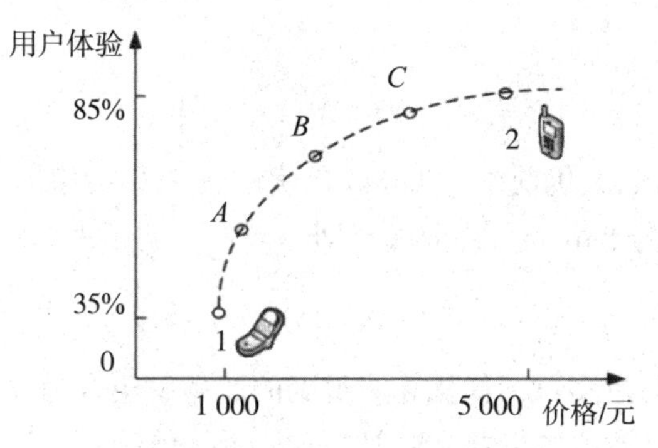

图 2-2　多目标优化问题实例示意图

一般情况下，价格低的设备用户体验较差，而价格高的设备用户体验好，但价格高，远远超出了一般用户的购买预算，这两个方案都是以牺牲某个目标为代价才满足了不同用户的需求。因此，决策者必须在先验知识和现实条件的约束下，在价格和用户体验这两个目标之间权衡，选定最终的最优化方案。

多目标优化问题只能通过序关系来比较解的优劣，由上述定义可以得到，图 2–3 所示为决策变量空间中 n 维解向量与目标变量空间中 m 维目标向量的空间映射关系（n=3，m=2）。

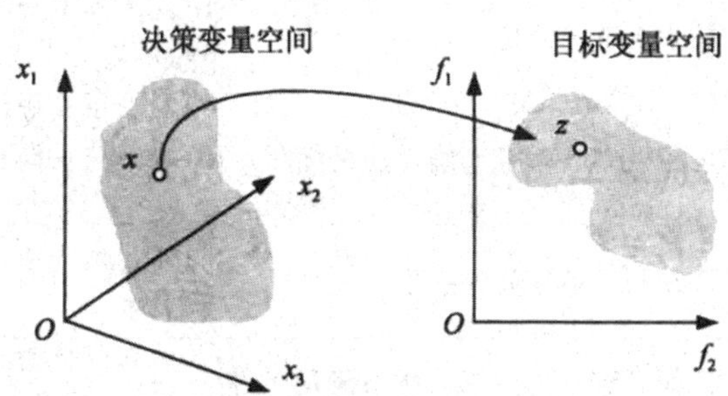

图 2-3　决策变量空间中 n 维解向量与目标变量中 m 维目标向量的空间映射关系示意图

定义 2：可行解集合。由 $x \in X$ 的所有满足约束条件的可行解组成的集合称为可行解集合，记为 X_f。

定义 3：Pareto 占优。决策变量 x_1 支配决策变量 x_2 记为

$$x_1 > x_2 \tag{2-15}$$

当且仅当 x_1 在所有目标的衡量下均不劣于 x_2，并且至少在一个目标上严格优于 x_2。

定义 4：Pareto 最优解集。所有 Pareto 最优解的集合构成 Pareto 最优解集。

定义如下：

$$P = \left\{ x^* \mid \neg\exists x \in X_f : x > x^* \right\} \tag{2-16}$$

定义 5：Pareto 最优前端。Pareto 最优解集 P 中的解对应的目标函数值构成的集合 P_f 称为 Pareto 最优前端，即

$$P_f = \left\{ F(x) = \left[f_1(x), f_2(x), \cdots, f_n(x) \right] \mid x \in P \right\} \tag{2-17}$$

一般来讲，通过多目标优化算法得到的非劣解集合为近似 Pareto 最优解集，相应的目标函数值的集合为近似 Pareto 最优前端。

结合以上重要定义及相关研究，归纳总结多目标优化与单目标优化的主要区别，见表 2-3 所列，可以将单目标优化问题理解为待优化目标维数为 1 的多目标优化问题。

表 2-3　多目标优化与单目标优化的主要区别

优化类型	单目标优化	多目标优化
目标规模	目标函数唯一	目标函数是多维向量
解的形式	解的大小唯一确定	解是多维向量，必须通过特定的“序”关系才能评价解的优劣
解的规模	在可行域中只有唯一确定的最优解	一个满足非支配关系的解集，即由多个无法衡量优劣的非支配解组成
搜索空间	只需在可行域空间内搜索	必须兼顾决策变量空间与目标变量空间
优化任务	只需找到唯一的全局最优或满足条件的近似最优解	多目标优化必须在近似 Pareto 最优解集的基础上，兼顾解的多样性和分布的均匀性

续　表

优化类型	单目标优化	多目标优化
优化方法	主要采用传统数学方法或新的进化机制和搜索模式	在传统方法中要兼顾多个目标的权重，在现代方法中不仅要加强寻优机制的全局搜索性能，还要采用一定的策略来优化近似 Pareto 最优解集的相关内在属性
应用领域	主要集中在实际问题的简化模型或理论研究中	以实际问题为出发点，几乎可以面向现实生活方方面面的最优化问题

第三章　深度学习开发环境概述

第一节　深度学习硬件环境

一、英伟达显卡选型

对于深度学习训练来说，核心的执行硬件是显卡。TensorFlow 官网对显卡要求是 CUDA 计算能力为 3.5 或更高的 NVIDIA 显卡。

基于迁移学习的模型训练，普通的计算机加显卡就能满足要求了。很多人认为，深度学习必须配备高性能服务器，没有最高配的 CPU 和高性能的显卡（如 Tesla V100、Tesla T4、GeForce RTX 2080 Ti）是无法完成深度学习的。实际上，深度学习的硬件配置很大程度上是由任务和使用环境来决定的，本书建议如下。

入门级：见表 3-1 所列，GeForce GTX 1050/1060/1070 等都是性价比非常高的显卡。CPU 对深度学习训练影响不大，Intel i3 8100 及以上型号都行；若已有台式计算机，只需要在上面加装一个 GeForce GTX 1050/1060/1070 或类似的显卡即可，这是业界公认的性价比最高的选择。

表 3-1　CUDA GPUs 列表

GPU	计算性能
NVIDIA TITAN RTX	7.5
GeForce RTX 2080 Ti	7.5
GeForce RTX 2080	7.5
GeForce RTX 2070	7.5
GeForce RTX 2060	7.5
NVIDIA TITAN V	7.0

续　表

GPU	计算性能
NVIDIA TITAN Xp	6.1
NVIDIA TITAN X	6.1
GeForce GTX 1080 Ti	6.1
GeForce GTX 1080	6.1
GeForce GTX 1070	6.1
GeForce GTX 1060	6.1
GeForce GTX 1050	6.1
GeForce GTX TITAN X	5.2

比赛级：若想参加深度学习比赛（如 Kaggle），用一块高性能的显卡是有必要的，如 GeForce RTX 2080 Ti。高性能显卡主要体现在 CUDA 核心数和显存上，CUDA 核心数越多，计算速度越快；显存越大，支持的批尺寸也就越大，即同一批训练的数据也就越多。

科研级：为了快速迭代实验结果以及训练更大规模的模型，以提升性能，可进行多 GPU 并行计算，如 4 块或 8 块 GeForce RTX 2080 Ti 或 Tesla T4。

二、英伟达显卡驱动安装

以 1.13.1 版本的 TensorFlow 为例，该版本支持 CUDA 10.0。CUDA 10.0 要求 NVIDIA GPU 驱动程序版本为 410.x 或更高。

在 Windows 设备管理器中查看 NVIDIA 显卡属性页面，若驱动程序版本后五位是高于 410.x 的，则可以跳过本部分，不用安装显卡驱动。

若驱动程序没有安装或者驱动程序版本低于 410.x，则需要下载并安装 NVIDIA GPU 驱动程序，具体步骤如下：

第一步，到 NVIDIA GPU 驱动程序下载页面 https：//www.nvidia.com/Download/index.aspx？ lang=en-us，根据所用的 GPU 型号选择驱动信息。

第二步，选择好 GPU 驱动程序信息后，单击“SEARCH”按钮，进入下载页面，然后单击“DOWNLOAD”按钮，下载 GPU 驱动程序。

第三步，双击下载的安装文件 431.60-desktop-winl0-64bit-intemation-al-whql.exe（不同的版本命名会有所不同），选择图形驱动程序即可。因为 Geforce Experience 是一款专为游戏玩家设计的软件，它可以帮助 NVIDIA 显卡用户快速升级驱动、优化游戏设置等，对深度学习训练没有什么帮助。单击“同意并继续”按钮。

第四步，选择“精简”安装，然后单击“下一步”按钮，完成整个 NVIDIA GPU 驱动程序的安装。

三、测试驱动程序安装

安装完毕后，重启计算机，然后打开“设备管理器”，在“显示适配器”下面能看到 NVIDIA GeForce GTX 1060，说明 NVIDIA GPU 驱动程序安装成功了。

如果 NVIDIA 显卡驱动程序没有安装或者没有安装成功，就会显示“Microsoft 基本显示适配器”。

四、设置英特尔集成显卡为系统主显示输出

为了把 NVIDIA 显卡的计算资源全部释放出来，建议将“Primary Display”的设置改为“IFGX”，这样英特尔集成显卡会作为主显示输出。

在默认情况下，BIOS 中的 Chipset → System Agent（SA）Configuration → Graphics Configuration → Primary Display 的设置是 Auto，意思是当插上独立显卡时，独立显卡会作为主显示输出，把 Auto 改为 IFGX。不同主板厂商的 BIOS 设置菜单略有不同。需要注意的是，在 NUC9（石英峡谷、幽灵峡谷）上不需要在 BIOS 中设置主显示输出，只要将显示器接到集成显卡的视频输出即可。

五、AINUC：便捷式 AI 训练“服务器”

个人入门学习 AI 最简单的方式是在 PC 上加装一张独立显卡，这样可以不用被动辄超 10 万元的 AI 训练服务器挡在学习 AI 的门口。

北京联合伟世科技股份有限公司作为英特尔的资深合作伙伴，基于英特尔 NUC，为广大人工智能学习者、开发者及应用者推出了 AINUC 人工智能套件。其中，开发套件系列支持英特尔第九代酷睿及至强系列 CPU，精心挑选了 RTX 2070、Teslat 4 等多款人工智能计算卡，以满足专业用户的训练及推理需求，如图 3-1 所示。

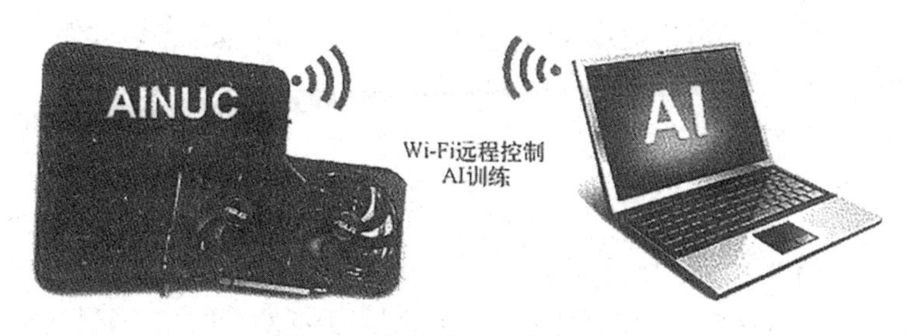

图 3-1　便捷式 AI 训练服务器

第二节　深度学习软件环境

搭建深度学习训练的开发环境是进行深度学习训练的第一步。当前主流的深度学习软件框架都是开源软件，如 TensorFlow、Caffe、PyTorch 及 PaddlePaddle 等。在安装开源软件和开源工具时，需要注意软件依赖关系，尤其是软件版本之间的对应关系，最新版本不一定就是最好的。

开源软件不像商业软件，商业软件在发布前已经充分测试过，用户双击安装文件就可以直接安装使用。在不断迭代过程中，开源软件所依赖的软件包有的迭代快，有的迭代慢，版本之间不一定兼容，所以务必要弄清楚在搭建开发环境的过程中，所涉及的开源软件包之间的版本是否兼容，是否已经被开源社区测试过。

对于商业软件，我们习惯用最新的版本，因为很多先前版本的漏洞会在最新版本中得到解决。对于开源软件，下载最新版却不一定适用，因为其他相关开源软件可能还没有来得及跟进支持这个最新版本。

本书基于 TensorFlow Object Detection API 框架搭建基于深度学习的目标检测应用的开发环境。TensorFlow 是 Google 开源的深度学习库，可以用于机器学习、语音识别及目标检测等多种人工智能算法的开发。TensorFlow Object Detection API是基于TensorFlow开发的专门用于目标检测的软件框架，基于该框架可以快速训练出各种用于图像识别的 AI 模型，如动物识别、植物识别及瑕疵识别等。

工业中大多数外观检测和视觉分选项目都可以基于该框架实现。

基于 TensorFlow Object Detection API 框架搭建用于目标检测的深度学习训练开发环境所需要的软件，见表 3-2 所列。

表 3-2 TensorFlow Object Detection API 框架所需软件

软件名称	用　途
NVIDIA 显卡驱动	TensorFlow GPU 版本依赖的显卡驱动软件
CUDA Toolkit	NVIDIA GPU 通用并行计算加速库
cuDNN	NVIDIA GPU 深度神经网络的加速库
Anaconda	管理 Python 软件包和环境的工具
Python	TensorFlow 依赖的程序开发语言
TensorFlow	Google 开源的机器学习库
TensorFlow Object Detection API	深度学习目标检测算法的软件框架

第三节　TensorFlow 平台

一、TensorFlow 简介

TensorFlow 是由谷歌人工智能团队谷歌大脑领导开发和维护的端到端机器学习平台。

事实上，TensorFlow 已经成为目前非常流行的机器学习平台之一。Github 和 Stack Overflow 社区参与人非常多、非常活跃，演进也非常快。

开源软件若参与的人不多，演进速度和解漏洞的速度都会非常慢，久而久之就会消失在公众的视野中。为了确保支撑自己应用的开源软件不会"死亡"，最好选择参与人数相对靠前的开源软件。

二、下载并安装 TensorFlow

下载并安装的具体步骤如下：

第一步，从 Windows"开始"菜单启动 Anaconda Navigator，在 Environments 选项卡处单击 tf_gpu，先激活虚拟环境 tf_gpu，再单击 tf_gpu 右边的绿色箭头，在弹出菜单中选择 Open Terminal。

第二步，在打开的 Terminal（命令行终端）中输入命令：conda install tensorflow-gpu=1.13.1。

conda 会自动收集安装 TensorFlow GPU 1.13.1 版的全部信息，并自动生成安装计划。注意，一定要用"=1.13.1"指定 TensorFlow 的版本。若不

指定 TensorFlow 的版本，conda 就会安装当前最新版。由于 TensorFlow 的最新版没有被本书测试过，因此本书不保证安装 TensorFlow 的最新版跟后续要安装的软件包是否会有版本依赖问题，但鼓励读者去尝试。

conda 在生成安装计划后，会列出即将安装的软件包，并询问是否继续。用户输入“Y”，再按“Enter”键，告诉 conda 继续安装。conda 接收到 Y 指令后，会自动完成所有安装，无须用户操心。

三、测试安装

在成功安装 TensorFlow GPU 1.13.1 版本的命令行终端中，输入第一个 TensorFlow 程序，如以下代码清单所示，用于验证 TensorFlow 是否安装成功。

代码清单中的第一个 TensorFlow 程序：

```
>python
>>>import tensorflow as tf
>>>tf.enable_eager_execution()
>>>hello=tf.constant( Hello, 'TensorFlow!' )
>>>print(hello)
```

四、pip install 与 conda install

熟悉 Python 并长期使用 pip 工具来管理 Python 软件包的读者会有一个疑问：为什么本书使用 conda install 而不是使用 Python 中最流行的 pip install 来安装 TensorFlow 呢？

众所周知，pip 的确是 Python 官方推荐的 Python 软件包安装管理工具，在安装 Python 软件包时，第一反应应该是使用 pip。正是由于 pip 是 Python 官方推荐的“正统”工具，pip 只专注于 Python 软件包之间的依赖关系，不考虑 Python 软件包与非 Python 软件包之间的依赖关系。

TensorFlow 不仅依赖 Python 软件包，还依赖非 Python 软件包，如 CUDA Toolkit、Intel® MKL 等。

在安装 TensorFlow 时，conda 会同时解决 TensorFlow 所依赖的 Python 软件包和非 Python 软件包的问题，让安装变得简单。

本书建议，若安装的 Python 软件只依赖 Python 软件包，则遵循官方推荐，使用 pip install 安装，如安装 opencv-python；若安装的 Python 软件不仅依赖 Python 软件包，还依赖非 Python 软件包，则使用 conda install，如安装 tensorflow-gpu。

第四节 PyTorch 平台

一、PyTorch 简介

随着越来越多的人关注机器学习，很多大学和机构开始构建自己的框架来支持其日常研究，而 Torch 是该家族的早期成员之一。罗南·科洛伯特、科雷·卡武克库奥卢和克莱门特·法拉贝特于 2002 年发行了 Torch。后来 Torch 被 Facebook AI 研究院和多所大学以及多个研究团体选中。许多初创公司和研究人员接受了 Torch，一些公司开始生产 Torch 模型，来为数百万用户服务。这些公司包括 Twitter、Facebook、DeepMind 等。Torch 的设计具有三个关键特点：

第一，简化数值算法的发展。

第二，易于扩展。

第三，快速。

尽管 Torch 赋予框架以灵活性，但是社群面临的主要问题是新语言 Lua 的学习曲线。虽然 Lua 并不难掌握，而且其在业界用于高效的产品开发已经有了一段时间，但是它并未像其他几种流行的语言一样被广泛接受。

然而，Python 在深度学习社群中被广泛接受，这使一些研究人员和开发人员重新思考：应该选择 Lua 还是 Python。这不仅是语言的选择问题，具有简单调试功能的框架的缺乏还激发了人们关于 PyTorch 的设想。

后来，卡耐基梅隆大学（CMU）的一个研究小组提出了 DyNet，然后 Chainer 提供了动态图的功能和可解释的开发环境。

上述事件都是激发 PyTorch 这一惊人框架产生巨大灵感的来源，事实上，PyTorch 最初是 Chainer 的分支。它开始于亚当·帕斯克的实习项目，当时亚当·帕斯克在 Torch 的核心开发者苏米斯·钦塔拉手下工作。然后，PyTorch 又得到了两名核心开发人员和来自不同公司及大学的约 100 名 Alpha 测试人员的支持。

在六个月的努力工作后，该团队在 2017 年 1 月发布了测试版。研究界的大部分人接受了 PyTorch，但产品开发人员最初并没有接受它。随后，几所大学开设了关于 PyTorch 的课程，包括纽约大学、牛津大学等大学。

二、安装 PyTorch

如果安装了 CUDA 和 cuDNN，那么 PyTorch 的安装就会非常简单。在 PyTorch 主页的交互式界面中，可以选择操作系统和包管理器。选择相应选项后就可以执行安装命令。

虽然最初其只支持 Linux 和 Mac 操作系统，但从 PyTorch 0.4 起它也开始支持 Windows 操作系统。PyTorch 已被集成到了 PyPI 和 Conda 中。PyPI 是 Python 的官方包存储库，可以通过包管理器 pip 查找“Torch”名下的 PyTorch。

但是，如果想要获得最新的代码，那么可以按照 GitHub 的 README 页面上的说明从源代码中安装 PyTorch。PyTorch 会在每天晚上编译一次，并被推送到 PyPI 和 Conda。如果想要获取最新的代码而避免经历从源代码进行安装的麻烦，那么可以在夜间编译。

三、PyTorch 流行的原因

PyTorch 在社会上获得了广泛认可，因为大多数人已经在使用 Torch，而且人们可能因 TensorFlow 等框架没有得到快速发展而感到沮丧。PyTorch 的动态性质对很多人来说是一种激励，并让他们在早期就接受了 PyTorch。

PyTorch 支持用户在前向过程中定义 Python 允许执行的任何操作。反向过程会自动从图中找到去往根节点的路径，并在返回时计算梯度。很多开发人员并未接受 PyTorch，就像他们不能接受遵从类似实现方式的其他框架一样。然而，随着时间的流逝，越来越多的人开始关注 PyTorch。所有顶级选手都使用 PyTorch 在 Kaggle 进行比赛，很多大学开始开设关于 PyTorch 的课程。

在 Caffe2 发布后，很多开发人员也开始试用 PyTorch，因为社群宣布将 PyTorch 模型迁移到 Caffe2。Caffe2 是一个静态图框架，能在手机中运行模型。因此，使用 PyTorch 进行原型设计是一种双赢的方法。因为开发人员可以用 PyTorch 灵活地构建网络，然后将其迁移到 Caffe2，并可以在任何生产环境中使用它。随着 1.0 版本的发布，PyTorch 团队取得了巨大的飞跃——从让人们学习两个框架（一个用于生产，另一个用于研究）到学习在原型设计阶段具有动态图功能的单一框架，并在需要速度和效率时突然转换为类似于静态的优化图。PyTorch 团队将 Caffe2 的后端与 PyTorch 的 aten 后端合并，让用户决定是要运行一个不太优化但高度灵活的图，还是在不重写代码库的情况下运行一个优化但不太灵活的图。

ONNX 和 DLPack 是 AI 社群后来经历的两件“大事”。微软和 Facebook 共同宣布了开放神经网络交换（ONNX）协议。该协议旨在帮助开发人员将任何模型从任何框架迁移到任何其他框架上。ONNX 与 PyTorch、Caffe2、TensorFlow、MXNet 和 CNTK 兼容。

ONNX 内置于 PyTorch 的核心，因此将模型迁移到 ONNX 不需要用户安装任何其他包或工具。同时，DLPack 通过定义不同框架应遵循的标准数据结构，将互操作性的级别提高到了一个新的水平，以便在同一程序中将张量从一个框架迁移到另一个框架，无须用户序列化数据或采用任何其他解决方法。

四、PyTorch 的应用领域

计算机从诞生发展到现在，全世界有超过 2 500 种有文档资料的计算机语言，但真正活跃的语言不到 100 种，而最活跃的 20 种语言大约占据 80% 的市场。其中，应用最广泛的 Java、C、C++、Python 和 C# 这 5 种语言占据了半壁江山。

Python 语言因其简单、易用、通用、严谨的特点，成为人工智能（AI）和大数据时代的第一开发语言，也是目前应用最广泛的编程语言之一。在 AI 产业领域，顶尖科学家、机器学习专家和算法专家仅占不到 5%，95% 甚至更多的 AI 从业人员都来自各行各业，他们掌握着各自领域的知识和数据资源，其主要工作是分析和处理数据。对于这些人员来说，Python 具有易学易用、高效开发等优点，加之基于 Python 的 PyTorch、Keras、TensorFlow 等众多深度学习框架的广泛应用，毫无疑问 Python 成为首选工作语言。

Python 语言在人工智能领域独领风骚，在以下领域也有较大发展空间。

（一）科学运算与数据可视化

从 1997 年开始，NASA 通过大量使用 Python 进行各种复杂的科学运算，随着 NumPy、Matplotib 等众多程序库的开发和完善，Python 越来越适合进行科学计算、绘制高质量的 2D 和 3D 图像。而且，Python 是一门通用的程序设计语言，比其他脚本语言的应用范围更广泛。

数据处理是 Python 最重要的应用领域之一。例如，从搜索数据到股票数据量化分析，再到火星探测、数据挖掘等，Python 都有极其广泛的应用。Seaborn、Bokeh、Gleam、Plotly、PyQtDataVisualization、Pygal、dataswim、geoplotlib、ggplot、missingno、vispy 等功能强大的第三方库更为 Python 在数据处理与可视化领域的霸主地位奠定了坚实的基础。

（二）金融分析

Python 在金融工程领域应用较多，而且其重要性在逐年提高。Python 语言结构清晰简单、库丰富、科学计算和统计分析功能强大，编程效率远远高于 C、C++ 和 Java，尤其擅长策略回测。金融行业的很多分析程序、高频交易软件都是用 Python 开发的。目前，Python 是金融分析、量化交易领域中用得最多的语言。

（三）Web 开发

Python 下有许多款不同的 Web 框架，Django 是其中最有代表性的一个，许多成功的网站和 App 都是基于 Django 建构而成的。

Flask 是一个使用 Pyhon 编写的 Web 应用框架，花很少的成本就能够开发一个简单的网站。

Tornado 是一种 Web 服务器软件的开源版本，它是非阻塞式服务器，速度相当快，每秒可以处理数以千计的连接，是实时 Web 服务的一个理想框架。

（四）自动化运维

在大数据时代，服务器、存储设备的数量越来越多，大数据集中趋势越来越明显，网络变得越来越复杂，IT 运维对实时采集和海量分析的要求也越来越高，Python 以其数据处理能力强、可移植性强、开发效率高和兼容性相对其他脚本语言好等特点，几乎成为运维人员，尤其是 Linux 运维人员必须掌握的程序设计语言。

（五）游戏开发

网络游戏是引领计算机发展方向的一个主要行业，是计算机应用最重要的商业市场之一。2017 年，我国游戏市场实际销售收入超过 2 000 亿元，在网络游戏开发中 Python 也有很多应用。PyGame、Cocos2D、Pymunk、Panda3D、Arcade 等第三方库可以让游戏的设计开发变得更加简单和快速。Python 非常适合编写 1 万行以上的项目，而且能够很好地把网游项目的规模控制在 10 万行代码以内。

（六）云计算

著名的云计算框架 OpenStack 和 Python 紧密合作并互相依赖，OpenStack 项目包含了 450 万行代码，其中 85% 是用 Python 编写的。开发人员大量使用 Python 简化编写 OpenStack 自动化脚本的过程。

（七）爬虫

随着网络的迅速发展，万维网成为海量信息的载体，如何有效地提取并利用这些信息成为一个巨大的挑战。网络爬虫是一种按照一定的规则，自动获取网页内容并可以按照指定规则提取相应内容的程序。Python 结合 Scrapy、Request、BeautifuSap、urllit 等第三方库，可以快速完成数据采集、处理和存储，成为网络爬虫领域最受欢迎的语言。

第四章　神经网络原理与实现

第一节　神经网络模型与神经网络学习方法

一、基本概念

广义上讲，神经网络泛指生物神经网络与人工神经网络这两个方面。所谓生物神经网络，是指由中枢神经系统（脑和脊髓）及周围神经系统（感觉神经、运动神经、交感神经、副交感神经等）所构成的错综复杂的神经网络，它负责对动物机体各种活动的管理，其中最重要的是脑神经系统。所谓人工神经网络，是指模拟人脑神经系统的结构和功能，运用大量的处理部件，由人工方式建立起来的网络系统。显然，人工神经网络是在生物神经网络研究的基础上建立起来的，人脑是人工神经网络的原型，人工神经网络是对脑神经系统的模拟。

生物神经网络是脑科学神经生理学、病理学等的研究对象，计算机科学、人工智能则是着重研究人脑信息的微结构理论以及建造人工神经网络的方法和技术。因此，从人工智能的角度来看，或者从狭义上来讲，神经网络就是指人工神经网络，前者是后者的简称。本书中我们将不加区分地使用这两个术语。

如上所述，人工神经网络的研究起源于人脑神经系统，因而本节在讨论人工神经网络之前，先介绍有关脑神经系统及生物神经元的概念。

（一）脑神经系统与生物神经元

1. 脑神经系统

众所周知，人脑是一个极其复杂的庞大系统，同时也是一个功能非常完善的系统。它不但能进行大规模的并行处理，使人们在极短的时间内就可以对外界事物做出判断和决策，而且具有很强的容错性及自适应能力，善于联想、类比、归纳和推广，能不断地学习新事物、新知识，总结经验，吸取教训，适应不断变化的情况，等等。人脑的这些功能及特点是迄今为止任何一个人工系统都无法比拟的。人脑为什么会具有如此强大的功能？其结构及机理如何？至今我们还知之甚少。但有一点是明确的，那就是人脑的功能与脑神经系统以及由它所构成的神经网络是密切相关的。美国著名的神经生理学家、诺贝尔奖获得者斯佩里曾经指出，主观意识和思维是脑过程的一个组成部分，它取决于神经网络及其有关的生理特征。法国神经生理学家尚格也曾指出，行为、思维和情感等来源于大脑中产生的物理和化学现象，是相应神经元组合的结果。这些论述都着重强调了神经系统在人脑智能活动中的作用。

关于神经网络的构成，早在 1875 年，意大利解剖学家戈尔吉（Golgi）就用银渗透法最先识别出了单个的神经细胞。1889 年，卡贾尔（Cajal）创立神经元学说，认为整个神经系统都是由结构上相对独立的神经细胞构成的。据估计，人脑神经系统的神经细胞约为 10^{11} 个。

2. 生物神经元

由上述可知，神经细胞是构成神经系统的基本单元，称为生物神经元，或简称为神经元。神经元主要由三部分构成：细胞体、轴突、树突，如图 4-1 所示。

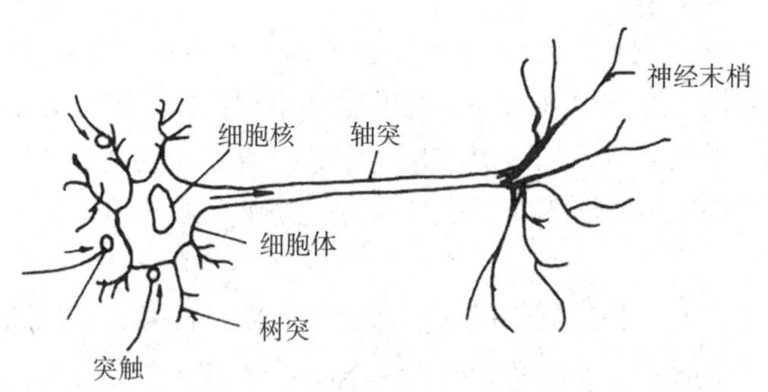

图 4-1　生物神经元结构

细胞体由细胞核、细胞质与细胞膜等部分组成，直径为 5 ～ 100 μm，大小不等。它是神经元的新陈代谢中心，同时用于接收并处理从其他神经元传递过来的信息。细胞膜内外有电位差，称为膜电位，膜外为正，膜内为负。

轴突是由细胞体向外伸出的最长的一条分枝长度可达 1m 以上，每个神

经元只有一个轴突，其作用相当于神经元的输出电缆，它通过尾部分出的许多神经末梢以及梢端的突触向其他神经元输出神经冲动。

树突是由细胞体向外伸出的除轴突外的其他分枝，长度一般较短，但分枝很多。它相当于神经元的输入端，用于接收从四面八方传来的神经冲动。

突触是神经元之间相互连接的接口部分，即一个神经元的神经末梢与另一个神经元的树突相接触的交界面，位于神经元的神经末梢尾端。每个神经元都有很多突触，据测定，大多数神经元拥有突触的数量在 $10^3 \sim 10^4$，而位于大脑皮层的神经元上突触的数目可达 3×10^4 以上，整个脑神经系统中突触的数量约在 $10^{14} \sim 10^{15}$。

在神经系统中，神经元之间的联系形式是多种多样的。一个神经元既可以通过它的轴突及突触与其他神经元建立联系，把它的信息传递给其他神经元，又可以通过它的树突接收来自不同神经元的信息。神经元之间的这种复杂联系就形成了相应的神经网络。经过多年悉心研究，人们发现神经元还具有如下一些重要特性：

（1）在每一个神经元中，信息都是以预知的确定方向流动的，即从神经元的接收信息部分（细胞体、树突）传到轴突的起始部分，再传到轴突终端的突触，最后传递给另一神经元。尽管不同的神经元在形状及功能上都有明显的不同，但大多数神经元都是按这一方向进行信息流动的。这称为神经元的动态极化原则。

（2）神经元对不同时间通过同一突触传入的信息，具有时间整合功能；对同一时间通过不同突触传入的信息，具有空间整合功能。这称为神经元对输入信息的时空整合处理功能。

（3）神经元具有两种常规工作状态，即兴奋状态与抑制状态。所谓兴奋状态，是指神经元对输入信息经整合后使细胞膜电位升高，且超过了动作电位的阈值，此时产生神经冲动，并由轴突输出。所谓抑制状态，是指经对输入信息整合后，膜电位下降至低于动作电位的阈值，此时无神经冲动输出。

（4）突触传递信息的特性是可变的，随着神经冲动传递方式的变化，其传递作用可强可弱，所以神经元之间的连接是柔性的，这称为结构的可塑性。

（5）突触界面具有脉冲与电位信号的转换功能。沿轴突传递的电脉冲是等幅、离散的脉冲信号，而细胞膜电位变化为连续的电位信号，这两种信号是在突触接口进行变换的。

（6）突触对信息的传递具有时延和不应期，在相邻的两次输入之间需要一定的时间间隔，在此期间不响应激励，不传递信息。

今后，随着脑科学与神经生理学研究的进一步深入，人们将会对神经元神经网络有更深入的认识，发现更多的功能及特性，把关于人工神经网络的研究提高到一个新的水平上。

（二）人工神经元及其互连结构

人工神经网络是由大量处理单元（人工神经元、处理元件、电子元件、光电元件等）经广泛互连而组成的人工网络，用来模拟脑神经系统的结构和功能。它是在现代神经科学研究的基础上提出来的，反映了人脑功能的基本特性。在人工神经网络中，信息的处理是由神经元之间的相互作用来实现的，知识与信息的存储表现为网络元件互连间分布式的物理联系，网络的学习和识别取决于各神经元连接权值的动态演化过程。

1. 人工神经元

在构造人工神经网络时，应该先考虑的问题是如何构造神经元。在对生物神经元的结构、特性进行深入研究的基础上，心理学家麦克洛奇（Mc-Culloch）和数理逻辑学家皮兹（Pitts）于1943年提出了一个简化的神经元模型，称为M-P模型，如图4-2所示。

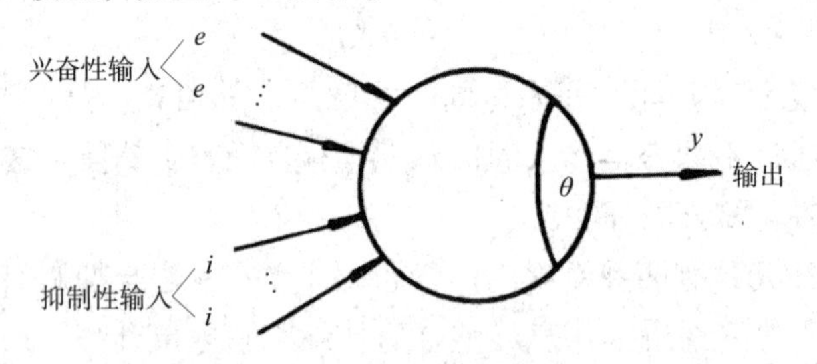

图4-2 M-P模型

在图4-2中，圆表示神经元的细胞体；e，i表示外部输入，对应生物神经元的树突，其中e为兴奋性突触连接，i为抑制性突触连接；θ表示神经元兴奋的阈值；y表示输出，它对应于生物神经元的轴突。从图4-2可以看出，M-P模型确实在结构及功能上反映了生物神经元的特征。但是，M-P模型对抑制性输入赋予了“否决权”。只有当不存在抑制性输入，且兴奋性输入的总和超过阈值时，神经元才会兴奋。其输入与输出的关系见表4-1所列。

表 4-1　M-P 模型输入与输出关系表

输入条件	输　出
$\Sigma e \geqslant \theta$，$\Sigma i=0$	$y=1$
$\Sigma e \geqslant \theta$，$\Sigma i>0$	$y=0$
$\Sigma e<\theta$，$\Sigma i \leqslant 0$	$y=0$

人们在 M-P 模型的基础上，根据需要又发现了其他一些模型。目前常用的模型如图 4-3 所示。

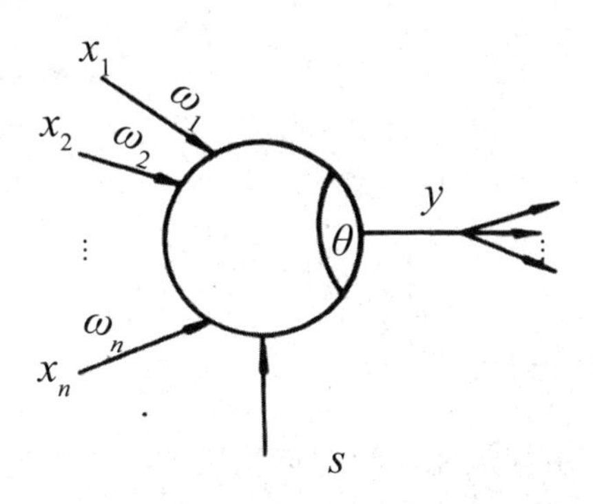

图 4-3　神经元的结构模型

在图 4-3 中，x_i（i=1，2，…，n）为该神经元的输入；ω_i 为该神经元分别与各输入间的连接强度，称为连接权值；θ 为该神经元的阈值；s 为外部输入的控制信号，它可以用来调整神经元的连接权值，使神经元保持在某一状态；y 为神经元的输出。由此结构可以看出，神经元一般是一个具有多个输入，但只有一个输出的非线性器件。神经元的工作过程一般如下：

（1）从各输入端接收输入信号 x_i。

（2）根据连接权值 ω_i，求出所有输入的加权和 σ。

$$\sigma = \sum_{i=1}^{n} \omega_i x_i + s - \theta \tag{4-1}$$

（3）用某一特性函数（又称作用函数）f 进行转换，得到输出 y：

$$y = f(\sigma) = f\left(\sum_{i=1}^{n} \omega_i x_i + s - \theta\right) \tag{4-2}$$

常用的特性函数有阈值型、分段线性型、Sigmoid 型（简称 S 型）及双曲正切型，如图 4–4 所示。

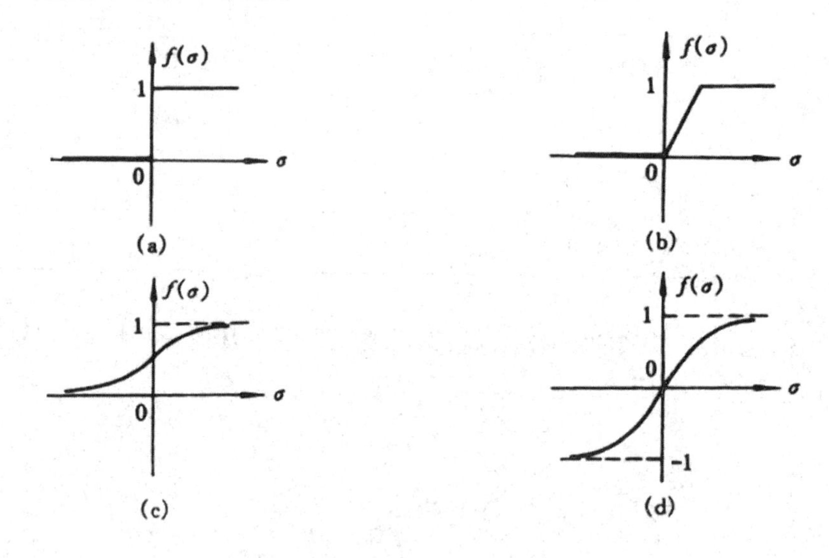

图 4-4　常用的特性函数

2. 神经元的互连形体

人工神经网络是由神经元广泛互连构成的，不同的连接方式构成了网络的不同连接模型，常用的有以下几种。

（1）前向网络。前向网络又称为前馈网络。在这种网络中，神经元分层排列，分别组成输入层、中间层（又称隐含层，可有多层）和输出层。每一层神经元只接收来自前一层神经元的输入。输入信息经各层变换后，最终在输出层输出，如图 4–5 所示。

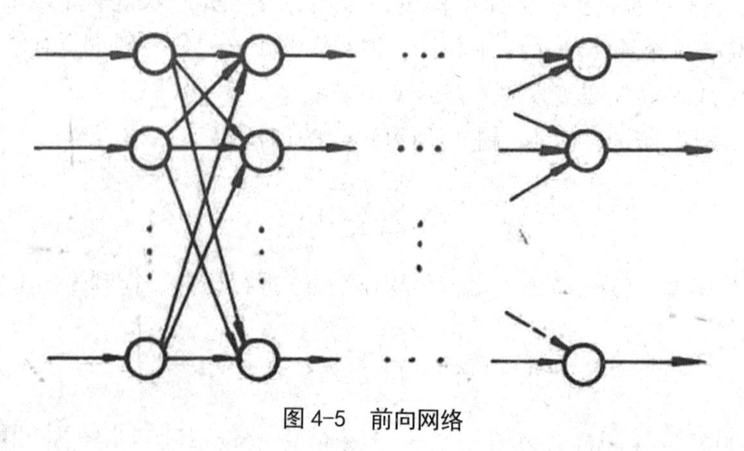

图 4-5　前向网络

（2）从输出层到输入层有反馈的网络。这种网络与上一种网络的区别仅仅在于，输出层上的某些输出信息又作为输入信息传至输入层的神经元上，如图 4–6 所示。

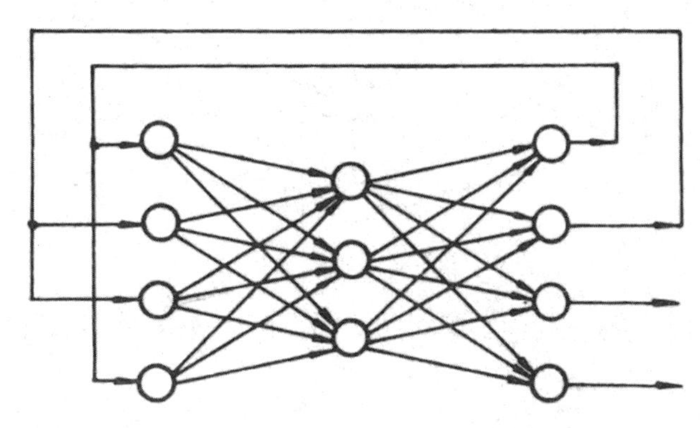

图 4–6　从输出层到输入层有反馈的网络

（3）层内有互连的网络。在前面两种网络中，同一层上的神经元都是相互独立的，不发生横向联系。在层内有互连的网络（图 4–7）中，同一层上的神经元可以互相作用。这样安排的好处是可以限制每层内能同时动作的神经元数，亦可以把每层内的神经元分为若干组，让每组作为一个整体来动作。例如，可以利用同层内神经元间横向抑制的机制把层内具有最大输出的神经元挑选出来，而使其他神经元处于无输出的状态。

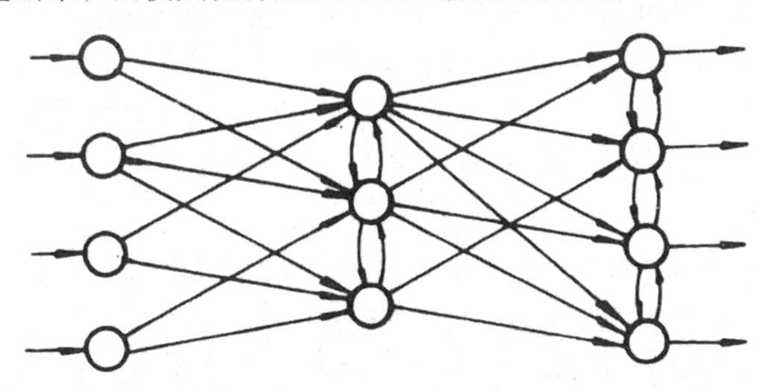

图 4–7　层内有互连的网络

（4）互连网络。在这种网络中，任意两个神经元之间都可以有连接，如图 4–8 所示。在无反馈的前向网络中，信息一旦通过某个神经元，过程就结束了，而在该网络中，信息可以在神经元之间反复往返地传递，网络一直处在一种改变状态的动态变化之中。从某初态开始，经过若干次变化，才会到达某种平衡状态，根据网络的结构及神经元的特性，有时还有可能进入周期振荡或其他状态。

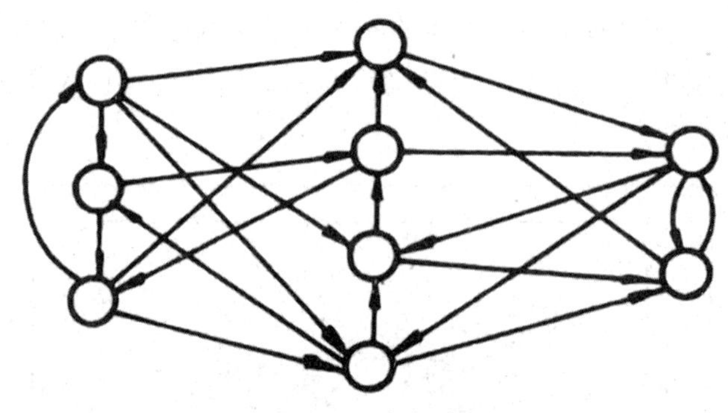

图 4-8　互连网络

在以上四种连接方式中，前三种可以视为第四种的特例，但在应用中它们还是有很大差别的。

3. 人工神经网络的特征及分类

（1）人工神经网络的特征。

①能较好地模拟人的形象思维。逻辑思维与形象思维是人类思维中两种重要的思维方式，前面几章的讨论都是通过物理符号来实现某些智能行为的，是对逻辑思维的模拟。人工神经网络是对人脑神经系统结构及功能的模拟，以信息分布与并行处理为主要特色，因而可以实现对形象思维的模拟。

②具有大规模并行协同处理能力。在人工神经网络中，每一个神经元的功能和结构都是很简单的，但由于神经元的数量巨大，而且神经元之间可以并行、协同地工作，进行集体计算，这就在整体上使网络具有很强的处理能力。另外，人工神经元通常都很简单，从而为大规模集成的实现提供了方便。

③具有较强的容错能力和联想能力。在人工神经网络中，任何一个神经元以及任何一个连接对网络整体功能的影响都是十分微小的，网络的行为是多个神经元协同行动的结果，其可靠性来自这些神经元统计行为的稳定性。因此，当少量神经元或它们的连接发生故障时，对网络功能的影响是很微小的，正如人脑中经常有脑细胞死亡，但并未影响人脑的记忆、思维等功能。神经网络的这一特性使网络在整体上具有较强的鲁棒性（硬件的容错性）。另外，在神经网络中，信息的存储与处理（计算）是合二为一的，即信息的存储体现在神经元互连的分布上。这种分布式的存储不仅在某一部分受到损坏时不会使信息遭到破坏，增强网络的容错性，还能使网络对带有噪声或缺损的输入有较强的适应能力，增强网络的联想及全息记忆能力。

④具有较强的学习能力。人工神经网络能根据外界环境的变化修改自己的行为，并且能依据一定的学习算法自动地从训练实例中学习。它的学习主要有两种方式，即有教师的学习与无教师的学习。所谓有教师的学习，是指由环境向网络提供一组样例，每一个样例都包括输入及标准输出两部分，如果网络对输入的响应不一致，则通过调节连接权值使之逐步接近样例的标准输出，直到它们的误差小于某个预先指定的阈值为止。所谓无教师学习，是指事先不给出标准样例，直接将网络置于环境之中，使学习阶段与工作阶段融为一体，这种边学习边工作的特征与人的学习过程类似。

⑤人工神经网络是一个大规模自组织、自适应的非线性动力系统。它具有一般非线性动力系统的共性，即不可预测性、耗散性、高维性、不可逆性、广泛连接性与自适应性等。

（2）人工神经网络的分类。迄今为止，研究人员已经开发出了几十种神经网络模型，从不同角度进行划分，可以得到不同的分类结果。例如，按网络的拓扑结构划分，人工神经网络可分为无反馈网络与有反馈网络；按网络的学习方法划分，人工神经网络可分为有教师的学习网络与无教师的学习网络；按网络的性能划分，人工神经网络既可以分为连续型与离散型网络，又可以分为确定型与随机型网络；按连接突触的性质划分，人工神经网络可分为一阶线性关联网络与高阶非线性关联网络。

二、神经网络模型

（一）感知器

罗森布拉特（Rosenblat）于 1957 年提出的感知器模型把神经网络的研究从纯理论探讨引向了工程上的实践，在神经网络的发展史上占有重要的地位。尽管它有较大的局限性，甚至连简单的异或逻辑运算都不能实现，但它毕竟是最先提出来的网络模型，而且它提出的自组织、自学习思想及收敛算法对后来发展起来的网络模型都产生了重要的影响，甚至可以说，后来发展的网络模型都是对它的改进与推广。

最初的感知器是一个只有单层计算单元的前向神经网络，由线性阈值单元组成，称为单层感知器。后来有的学者针对其局限性进行了改进，提出了多层感知器。

1. 线性阈值单元

线性阈值单元是前向网络（又称前馈网络）中最基本的计算单元，它具有 n 个输入（x_1，x_2，…，x_n），一个输出（y），n 个连接权值（ω_1，ω_2，…，ω_n），且 $y=\begin{cases}1, & \sum_{i=1}^{n}\omega_i x_i-\theta\geqslant 0,\\ -1(\text{或}0), & \sum_{i=1}^{n}\omega_i x_i-\theta<0,\end{cases}$ 如图 4–9 所示。

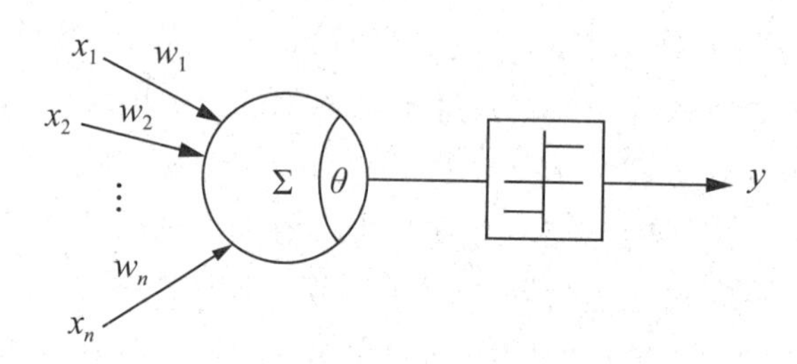

图 4–9　线性阈值单元

2. 单层感知器及其学习算法

单层感知器只有一个计算层，它以信号模板作为输入，经计算后汇总输出，层内无互连，从输出至输入无反馈，是一种典型的前向网络，如图 4–10 所示。

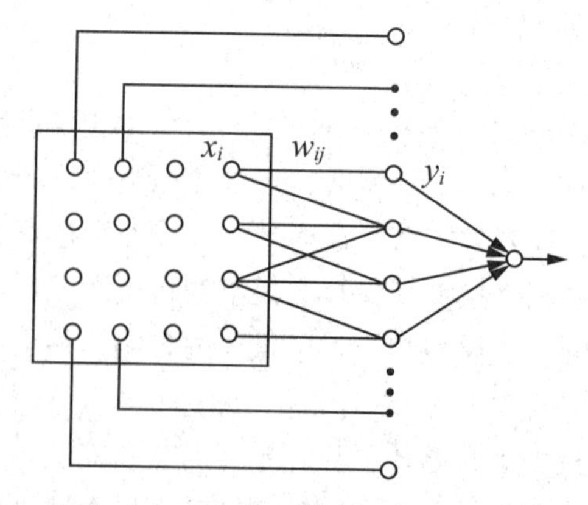

图 4–10　单层感知器

在单层感知器中，当输入的加权和大于等于阈值时，输出为 1，否则为 0 或 –1。它与 M–P 模型的不同之处是假定神经元间的连接强度（连接权值 ω）是可变的，这样它就可以进行学习了。

罗森布拉特于 1959 年给出了单层感知器的学习算法，学习的目的是调整连接权值，以使网络对任何输入都能得到所期望的输出。在以下的算法描述中，为清楚起见，只考虑仅有一个输出节点的情况。其中，xi 是该输出节点的输入；ωi 是相应的连接权值（i=1，2，…，n）；y（t）是时刻 t 的输出；d 是所期望的输出，它或者为 1，或者为 –1。学习算法如下：

（1）给 ωi（0）（i=1，2，…，n）及阈值 θ 分别赋予一个较小的非零随机数作为初值。这里 ωi（0）表示在时刻 t=0 时第 i 个输入的连接权值。

（2）输入一个样例 $X=\{x_1, x_2, \cdots, x_n\}$ 和一个所期望的输出 d。

（3）计算网络的实际输出：

$$y(t)=f\left(\sum_{i=1}^{n}\omega_i(t)x_i-\theta\right) \tag{4-3}$$

（4）调整连接权值：

$$\omega_i(t+1)=\omega_i(t)+\eta[d-y(t)]x_i \tag{4-4}$$

此处 $0<\eta\leqslant 1$，它是一个增益因子，用于调整速度，通常 η 不能太大，否则会影响 ω_i（t）的稳定；η 也不能太小，否则 ω_i（t）的收敛速度太慢。如果实际输出与已知的输出一致，则表示网络已经做出了正确的决策，此时就无须改变 ω_i（t）的值。

（5）转到（2），直到连接权值对一切样例均稳定不变时为止。

罗森布拉特还证明了如果取自两类模式 A、B 中的输入是线性可分的，即它们可以分别落在某个超平面的两边，那么单层感知器的上述算法就一定会最终收敛于将这两类模式分开的那个超平面，并且该超平面能将 A、B 类中的所有模式都分开。但是，当输入不是线性可分并且还部分重叠时，在单层感知器的收敛过程中决策界面将不断地振荡。

表 4–2 给出了异或逻辑运算的真值表。

表 4–2　异或（XOR）逻辑运算真值表

点	输入 x_1	输入 x_2	输出 y
A_1	0	0	0
B_1	1	0	1
A_2	1	1	0
B_2	0	1	1

由表 4–2 可以看出，只有当输入的两个值中有一个为 1，且不能同时为

1 时，输出的值才为 1，否则输出的值为 0。

如果异或问题能用单层感知器解决，那么由异或逻辑运算的真值表可知 ω_1，ω_2 和 θ 应满足如下方程组：

$$\begin{cases} \omega_1 + \omega_2 - \theta < 0 \\ \omega_1 + 0 - \theta \geqslant 0 \\ 0 + 0 - \theta < 0 \\ 0 + \omega_2 - \theta \geqslant 0 \end{cases} \tag{4-5}$$

但该方程组显然是无解的。这就说明单层感知器不能解决异或问题。此外，这一事实还可以用几何方法来解释。x_1 与 x_2 有四种组合，分别对应平面上的四个点 A_1，A_2，B_1，B_2，如图 4–11 所示。由图 4–11 可以看出，满足 x_1 XOR x_2=1 的顶点集为 S_1={B_1，B_2}；满足工 x_1 XOR x_2=0 的顶点集为 S_2={A_1，A_2}，显然找不到一条直线能将集合 S_1 和 S_2 分开，即它能把 S_1 划在直线的一边，而把 S_2 划在另一边。

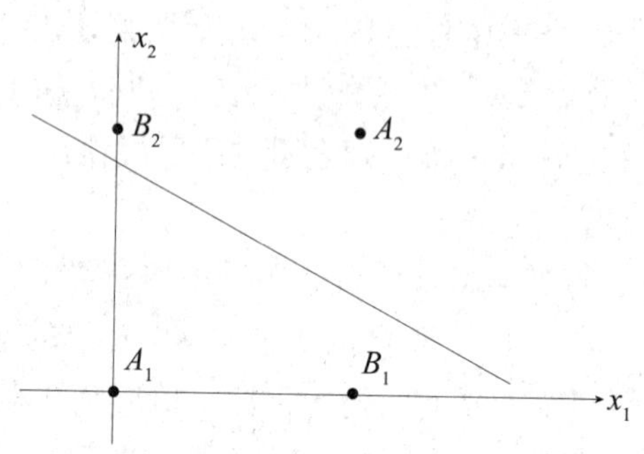

图 4–11　单层感知器不能解决异或问题

3. 多层感知器

只要在输入层与输出层之间增加一层或多层隐含层，就可得到多层感知器。[①] 多层感知器可以用来解决异或问题，明斯基和裴伯特也曾指出了这一点。例如，对于图 4–12 所示的多层感知器，若令隐含层和输出层的神经元输出阈值都为 0.5，从而得到如下方程组

$$\begin{cases} x_{11} = f\left(x_{10} - x_{20} - 0.5\right) \\ x_{21} = f\left(-x_{10} + x_{20} - 0.5\right) \\ y = f\left(x_{11} + x_{21} - 0.5\right) \end{cases} \tag{4-6}$$

① 张泽旭．神经网络控制与 MATLAB 仿真 [M]. 哈尔滨：哈尔滨工业大学出版社，2011.

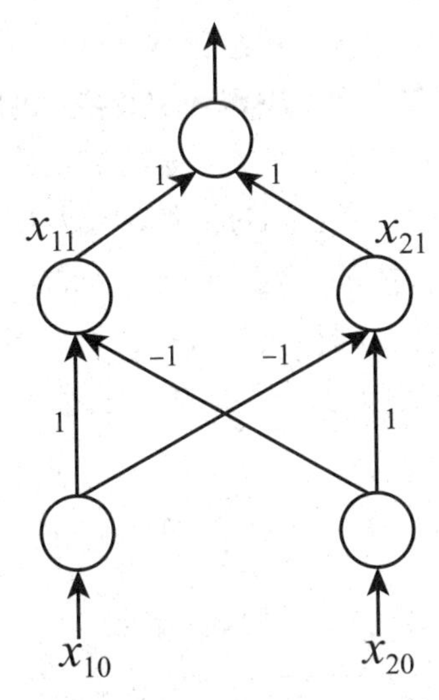

图 4-12　实现异或运算的多层感知器

根据上面的输入输出关系可知该感知器实现了异或运算，需要注意的是这里仍然采用了阈值型激活函数。

尽管如此，长期以来人们却没有解决多层感知器的学习问题，缺乏有效的方法来确定网络中的连接权值。因此，尽管早在 1957 年，苏联数学家柯尔莫哥洛夫就已经证明，任何连续映射可由一个三层前馈型神经网络精确实现，但人们仍然不能对多层感知器进行有效利用，神经网络的研究一度陷入低潮。这一问题直到鲁梅尔哈特和麦克莱兰提出误差反向传播学习算法并引起人们的广泛关注后才得以解决。

（二）BP 网络

1. 原理

BP 神经网络是一种单向传播的多层前向网络，其研究对象为多个变量之间的线性或非线性关系，网络的第一层为输入层，最后一层为输出层，中间各层均为隐含层，如图 4-13 所示。

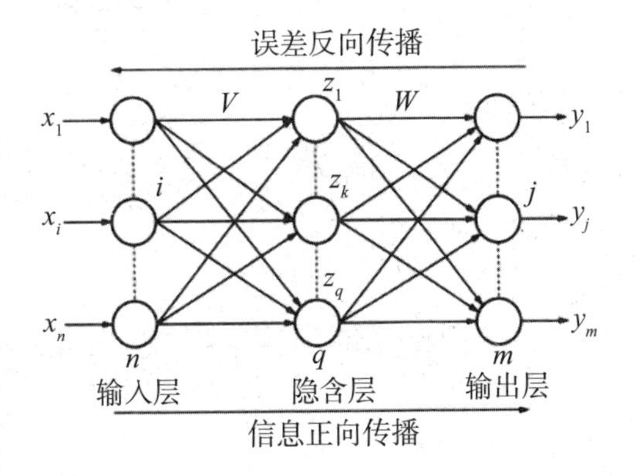

图 4-13　BP 神经网络模型

同层神经元节点间没有任何耦合，而相邻层的神经元之间使用连接权系数进行相互连接。输入信息依次从输入层向输出层传递，每一层的输出只影响下一层的输入。网络中每一层神经元的连接权值都可以通过学习来调整。当给定一个输入节点数为N，输出节点数为M的BP神经网络时，输入信号由输入层向输出层传递，通过非线性函数的复合来完成从N维到M维的映射，该过程是向前传播的过程；如果实际输出信号存在误差，网络就转入误差反向传播过程，并根据误差的大小来调节各层神经元之间的连接权值。当误差达到可接受的范围时，网络的学习过程就此结束。BP神经网络基本原理如图4-14所示。

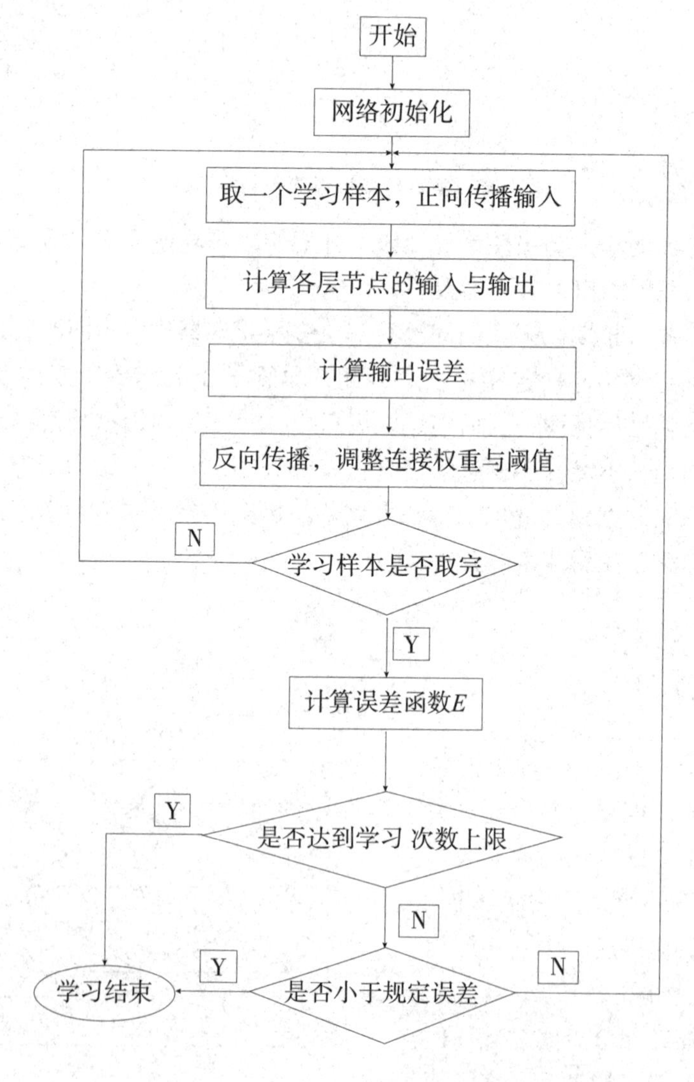

图4-14 BP神经网络基本原理

2.BP 神经网络模型的建立

如图 4-15 所示，输入层信号（n 个自变量 x_1，x_2，…，x_n 的样本）先经过线性累加器的处理（与网络权值 ω_{1j}，ω_{2j}，…，ω_{nj} 及阈值 b_j 进行运算，j 表示第 j 个神经元）输入隐含层的神经元，再经过该神经元中的激励函数 f 的线性或非线性变换产生输出信号 O_j，下一个隐含层把前一个隐含层的输出作为输入，重复上述过程。最后，输出层把最后一个隐含层的输出作为输入，进而产生最终的输出信号。最终输出信号与期望输出（样本的输出变量）之间的差值为误差信号。误差信号由输出端开始逐层反向传播，调节网络权值及阈值，通过权值及阈值的不断修正使网络的输出更接近期望输出。[①]

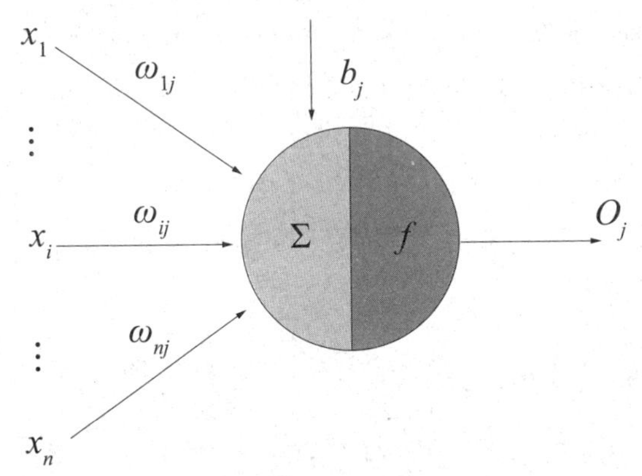

图 4-15　BP 神经网络模型

隐含层的层数与每层所包含的神经元个数均可设定调整，以达到最佳的拟合效果。其设定的经验规则为，通常初步建议隐含层层数为 1，神经元个数为$\sqrt{m+n}+a$，其中 n 为输入节点数，m 为输出节点数，a 为常数，取 1 ～ 10。

网络系数（权值 + 阈值）个数的计算：假设输入层的输入信号维数为 n，隐含层层数为 k，隐含层神经元个数为 q_k，输出神经元个数为 m，则网络系数个数为

$$N=(n+1)\cdot q_1+(q_1+1)\cdot q_2+(q_2+1)\cdot q_3+\cdots+(q_{k-1}+1)\cdot q_k+(q_k+1)\cdot q_m \quad (4-7)$$

网络权值的算法有梯度下降法、带动量的梯度下降法、拟牛顿法、LM 法、弹性 BP 算法等。目前系统采用的是 AForge.Neuro 的动量梯度下降法。

① 陈守煜 . 工程模糊集理论与应用 [M]. 北京：国防工业出版社，1998.

3. BP 神经网络模型的特点

根据网络权值的算法，该模型有以下两个特点。

（1）样本个数的选取。最好遵守与回归模型类似的规则进行选取，即大于或等于 N+1，但不是强制性要求。

（2）容错性较佳。不存在上述回归模型的多重共线性问题导致的系数计算错误，但输入变量间的相似性仍会导致系数的不稳定。同时，S 型的激励函数使异常的输入样本得到抑制。

（三）自适应共振理论

自适应共振理论（adaptive resonance theory，ART）由葛劳斯伯格（Grossberg）和卡彭特（Carpenter）于 1986 年提出。这一理论包括 ART1、ART2 和 ART3 三种模型，它们可以对任意多个和任意复杂的二维模式进行自组织、自稳定和大规模并行处理。其中，ART1 用于二进制输入，ART2 用于连续信号输入，而 ART3 用模拟化学神经传导动态行为的方程来描述，它们主要用于模式识别。

1. ART 的基本原理

根据自适应共振理论建立的网络简称 ART 网络。这种网络实际上是一个模式分类器，用于对模式进行分类。每当网络接收外界的一个输入向量时，它就对该向量所表示的模式进行识别，并将它归入与某已知类别的模式匹配的类中去；如果它不与任何已知类别的模式匹配，就为它建立一个新的类。如果一个新输入的模式与某一个已知类别的模式近似匹配，则在把它归入该类的同时，要对那个已知类别的模式向量进行调整，以使它与新模式更相似。这里所说的近似匹配是指两个向量的差异落在允许的警戒值范围之内。

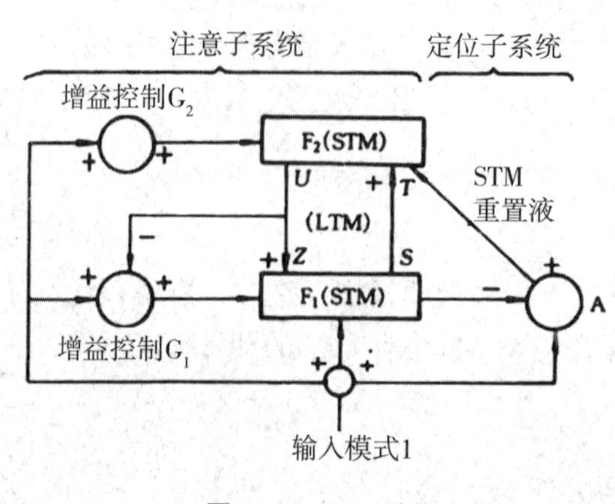

图 4-16　ART1 结构

图 4-16 给出了单识别层 ART1 网络的工作原理示意图。ART1 网络具有 F_1 和 F_2

这两个短期记忆层 STM（short time memory），F_1 和 F_2 之间是一个长期记忆层 LTM（long time memory）。整个系统分为两个部分：注意子系统与定位子系统。前者的功能是完成自下而上的向量的竞争选择以及自下而上与自上而下的向量相似度的比较；后者的功能是检验预期向量 $\boldsymbol{V}$ 和输入向量 $\boldsymbol{I}$ 的相似程度，当相似度低于警戒值时，就取消相应的向量，然后转而从其他类别选取。

ART1 的工作过程主要包括以下几个部分：

（1）自下而上的自适应滤波和 STM 中的对比度增强过程。输入信号经 F_1 的节点变换成激活模式 X，在完成特征检测后，F_1 中激活较大的节点就会输出信号并传到 F_2，这就形成了输出模式 S。当 S 通过 F_1 与 F_2 之间的通道时，经过加权组合（LTM）变换为模式 T，然后作为 F_2 的输入，如图 4-17（a）所示。S 到 T 的变换称为自适应滤波。F_2 接收 T 后，通过节点间的相互作用就迅速产生对比度增强了的模式 Y，并存于 F_2 中。这一阶段的学习就是一系列的变换：$I\rightarrow X\rightarrow S\rightarrow T\rightarrow Y$。

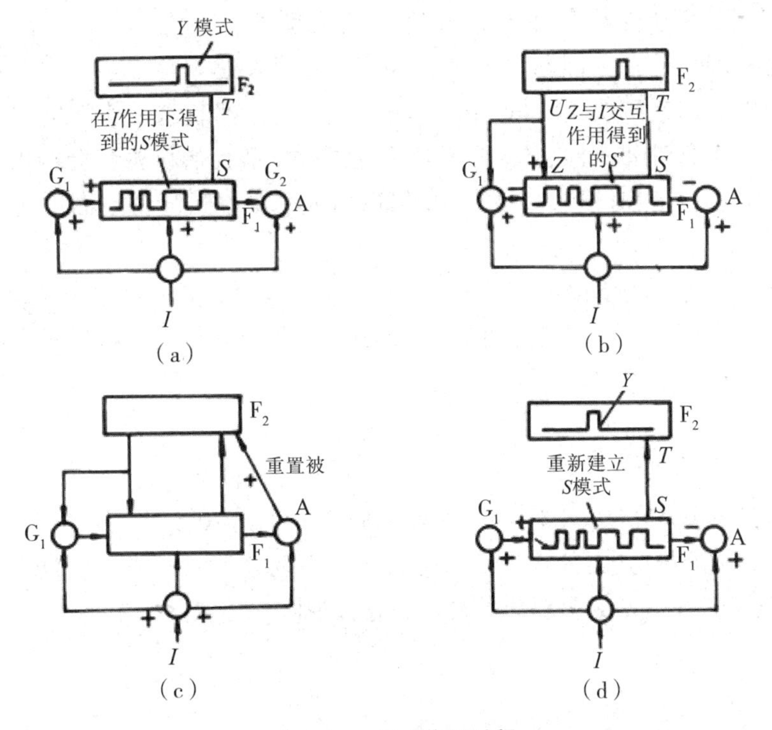

图 4-17　ART1 作用过程

（2）自上而下的模板匹配和对已学编码的稳定。一旦自下而上的变换 $I\rightarrow Y$ 完成后，Y 就会产生自上而下的激活信号模式 U 并向 F_1 输送，如图 4-17

（b）所示，但只有足够大的激活值才会向反馈通道送出信号 U。U 经过加权组合变换为模式 Z，Z 称为自上而下的模板。现在有 I 和 Z 两组模式作用于 F_1，它们共同产生的激活模式 S^* 一般与只受 I 作用产生的 S 不同，此时 F_1 的作用是要使 Z 与 I 匹配，其匹配结果将决定此后的作用过程。

（3）注意子系统与作用系统的相互作用过程。在图 4–17（a）中，输入模式在产生 X 的同时激发了定位子系统 A，但 F 中的 X 会在 A 产生输出前起禁止作用，当 F_2 的反馈模式 Z 与 I 失配时，就会大幅减弱这一禁止作用。在削弱到一定程度时，A 就被激活，如图 4–17（c）所示。A 向 F_2 送信号，将改变 F_2 的状态，取消原来自上而下的模板 Z，从而结束 Z 与 I 的失配。此时输入 I 将再次起作用，直到 F_2 产生新状态 Y^*，如图 4–17（d）所示，Y^* 产生新的自上而下模板 Z^*。如果仍然失配，定位子系统还会再起作用。这样，就产生了一个快速的匹配与重置过程，此过程一直进行到 F_2 送回的模板与外界输入的 I 相匹配时为止。

（4）如果在 F_1 送出自下而上的作用前 F_2 被激发，则此时 F_2 也会产生自上而下的模板 Z 作用于 F_1，并使 F_1 受到激发，产生自下而上的作用过程。这就产生了一个问题，F_1 如何知道这一激发是来自下边的输入还是来自上边的反馈？解决这一问题的办法是使用增益控制这一辅助机构。若 F_2 被激发，注意启动机构会向 F_1 送学习模板，增益控制机构则会给出禁止作用，从而影响 F_1 对输入响应的灵敏度，使 F_1 能够区分自上而下与自下而上的信号。

（5）按 2/3 规则匹配。为了使 F_1 产生输出信号，它的三个信号源（输入 I、自上而下的信号、增益控制信号）必须有两个起作用。如果只有一个起作用，则 F_1 不会被激发。

2.ART 学习算法

ART 的基本结构如图 4–18 所示，它由一个输入层和一个输出层组成。关于 ART 的学习分类过程，目前已有多种实现分类的方法，下面给出一种基于李普曼（Lippman）提出的方法，它分为以下几步。

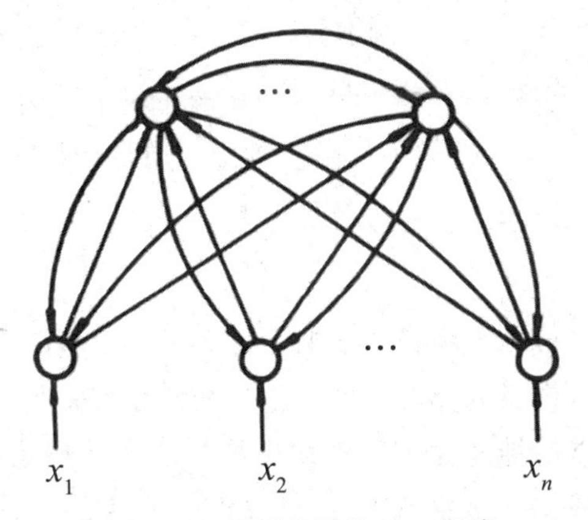

图 4-18　用于分类的 ART1 网络

（1）初始化。在开始训练及分类前，要对自上而下的权值向量 $\boldsymbol{W}_j$、自下而上的权值向量 $\boldsymbol{B}_j$ 以及警戒值 ρ 进行初始化。一般 $\boldsymbol{B}_j$ 应设置为相同的较小值。例如：

$$b_{ij}(0)=\frac{1}{1+n} \tag{4-8}$$

其中，n 为输入向量的元素个数。

$\boldsymbol{W}_j$ 的元素初值为 1，即 $\boldsymbol{W}_{ij}(0)=1$。相应的，警戒值 ρ 的取值范围为 $0\leqslant\rho\leqslant 1$。

通过调节 ρ 的值可调整分类的类数，当 ρ 较大时，类别就较多；当 ρ 较小时，类别就较少。因此在训练时，调节 ρ 的值，使分类逐步由粗变细。

（2）给出一个新的输入样例，即输入一个新的样例向量。

（3）计算输出节点 j 的输出：

$$\mu_j=\sum_i b_{ij}x_i \tag{4-9}$$

其中，μ_j 是输出节点 j 的输出，x_i 是输入节点 i 的输入，取值为 0 或 1。

（4）选择最佳匹配：

$$\mu_j^*=\max{}_j\left\{\mu_j\right\} \tag{4-10}$$

这可通过输出节点的扩展抑制权达到。

（5）警戒值检测：

$$\|X\|=\sum_i x_i \tag{4-11}$$

$$\|\bar{W}X\|=\sum_i w_{ij}x_i \tag{4-12}$$

$$s = \frac{\| \bar{W}X \|}{\| X \|} \tag{4-13}$$

如果 $s>\rho$，则转（7）；否则，转（6）。例如，设 X=1011101，$\|X\|$=5，则 $\bar{W}X = 0011101$，$\| \bar{W}X \| = 4$，$s = \frac{\| \bar{W}X \|}{\| X \|} = \frac{4}{5} = 0.8$。

（6）重新匹配。当相似率低于 ρ 时，需要另外寻找已有的其他模式，即寻找一个更接近输入向量的类。为此，首先初始化搜索状态，把原激活的神经元置为 0，并标志该神经元取消竞争资格，其次转向第（3）步，重复上述过程，直到相似率大于 ρ 而转向第（7）步，结束分类过程，或者全部已有的模式均被测试过，无一匹配，此时将输入信息作为一类新的存储。

（7）调整网络权值：

$$\omega_{ij}(t+1) = \omega_{ij}(t) x_i \tag{4-14}$$

$$b_{ij}(t+1) = \frac{\omega_{ij}(t) x_i}{0.5 + \sum_i \omega_{ij}(t) x_i} \tag{4-15}$$

（8）转向第（2）步，进行新的向量学习分类。

这是一种快速学习算法，并且是边学习边运行的，输出节点中每次最多只有一个为 1。每个输出节点可以视为一类相似模式的代表性概念。一个输入节点的所有权值对应一个模式。只有当输入模式距某一个这样的模式较近时，代表它的输出节点才响应。

ART 学习算法具有下列特性。

（1）它是一种无教师学习算法。

（2）训练稳定后，任何一个已用于训练的输入向量都将不再需要搜索就能正确地激活约定的神经元，并做出正确的分类，同时能迅速适应未经训练的新对象。

（3）搜索过程和训练过程是稳定的。

（4）训练过程会自行终止。在对有限数量的输入向量进行训练后，一组确定的权值将产生。[①]

① 朱福喜，唐怡群，傅建明．人工智能原理 [M]. 武汉：武汉大学出版社，2002.

三、神经网络的学习方法

（一）基本的学习机理

一个神经网络仅仅具有拓扑结构，还不能具有任何智能特性，需要有一套完整的学习、工作规则与之配合。其实，对于大脑神经网络来说，完成不同功能的网络区域都具有各自的学习规则，这些完整和巧妙的学习规则是大脑在进化学习阶段获得的。人工神经网络的学习规则说到底就是网络连接权的调整规则。我们可以从日常生活中一个简单的例子中了解网络连接权的调整机理。例如，家长往往会大加赞扬按时、准确地完成家庭作业的孩子，甚至给予一些物质奖励，而狠狠地批评不按时完成作业的孩子。这其中包含着这样一些规则：对于正确的行为给予加强（表扬），不正确的行为给予抑制（批评）。这一规则被运用到神经网络的学习中，就成为网络的学习规则。

神经网络是由许多相互连接的处理单元组成的。每一个处理单元有许多输入量（x_i），而对每一个输入量都相应有一个相关联的权重（ω_i）。处理单元将经过权重的输入量 $x_i \cdot \omega_i$ 相加（权重和），计算出唯一的输出量（y_i）。这个输出量是权重和的函数（f）。

我们称函数 f 为传递函数。对于大多数神经网络，当网络运行的时候，传递函数一旦选定，就会保持不变。

然而，权重（ω_i）是变量，可以动态地进行调整，产生一定的输出（y_i）。权重的动态修改是学习中最基本的过程：对单个的处理单元来说，调整权重很简单；但对大量组合起来的处理单元来说，权重的调整类似于“智能过程”，网络最重要的信息存在于调整过的权重之中。

（二）学习方式

学习方式包括有监督学习或训练和无监督的学习或训练。很明显，有监督的学习或训练需要“教师”，教师即训练数据本身，不仅包括输入数据，还包括在一定输入条件下的输出数据。网络根据训练数据的输入和输出来调节本身的权重，使网络的输出符合实际的输出。无监督学习过程指训练数据只有输入而没有输出，网络必须根据一定的判断标准自行调整权重。

（1）有监督学习。在这种学习方式中，网络将应有的输入与实际输出数据进行比较。网络经过一些训练数据组的计算后，调整最初随机设置的权重，使输入更接近实际的输出结果。所以，学习过程的目的在于减小网络应有的输入与实际输出之间的误差。这是靠不断调整权重来实现的。

（2）无监督学习。在这种学习方式下，网络不靠外部的影响来调整权重。也就是说在训练过程中，网络只提供输入数据而无相应的输出数据。网络检查输入数据的规律或趋向根据网络本身的功能进行调整。这种学习方式强调一组组神经元间的协作。如果输入信息使神经元组的任何单元激活，则整个神经元组的活性就会增强，然后处理神经将信息传送给下一层单元。

（三）学习规则

（1）Hebb 规则。这个规则是由唐纳德·赫布（Donald Hebb）提出的。基本规则可以简单归纳如下：如果处理单元从另一个处理单元接收一个输入，并且如果两个单元都处于高度活动状态，这时两单元间的连接权重就要被加强。

（2）Delta 规则。Delta 规则是最常用的学习规则，其要点是通过改变单元间的连接权重来减小系统实际输入与应有的输出间的误差。

（3）梯度下降规则。这是对减小实际输入和应有输入间误差方法的数学说明。Delta 规则是梯度下降规则的一个例子。其要点为在学习过程中，保持误差曲线的梯度下降。误差曲线可能会出现局部的最小值。在网络学习时，应尽可能摆脱误差的局部最小值，而达到真正的误差最小值。

（4）Kohonen 学习规则。这个规则是由 Teuvo Kohonen 在研究生物系统学习的基础上提出的，只用于没有指导下训练的网络。

第二节　神经网络的数学解释

根据神经网络的运行原理，绘制简单的神经网络，如图 4-19 所示。

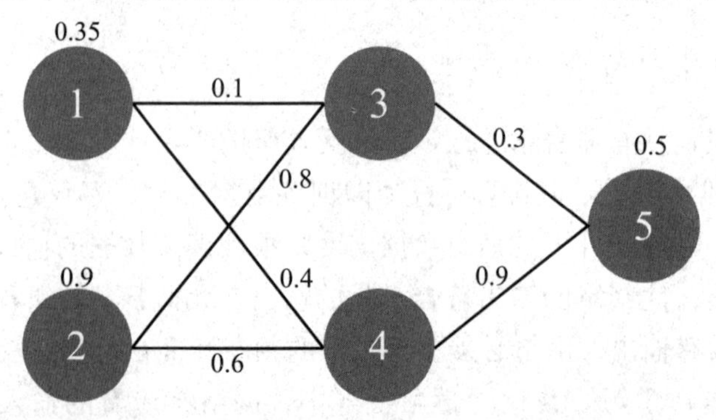

图 4-19　简单的神经网络

定义符号说明见表 4-3 所列。

表 4-3　神经网络的符号定义

符　号	代表意义
ω_{ab}	节点 a 到节点 b 的权重
Z_a	节点 a 的输入值
δ_a	节点 a 的错误（反向传播用到）
C	最终损失函数
$F(x)=\frac{1}{1+e^{-x}}$	节点激活函数
$\boldsymbol{\omega}2$	左边字母，右边数字，代表第几层的矩阵或者向量

则正向传播一次可以得到如下公式：

$$\boldsymbol{\omega}0=\begin{bmatrix}\omega_{31} & \omega_{33}\\ \omega_{41} & \omega_{42}\end{bmatrix} \tag{4-16}$$

$$\boldsymbol{z}1=\begin{bmatrix}z_3\\ z_4\end{bmatrix}=\boldsymbol{\omega}0*\boldsymbol{y}0=\begin{bmatrix}\omega_{31} & \omega_{32}\\ \omega_{41} & \omega_{42}\end{bmatrix}*\begin{bmatrix}y_1\\ y_2\end{bmatrix}=\begin{bmatrix}\omega_{31}*y_1+\omega_{32}*y_2\\ \omega_{41}*y_1+\omega_{42}*y_2\end{bmatrix} \tag{4-17}$$

$$\boldsymbol{y}1=\begin{bmatrix}y_3\\ y_4\end{bmatrix}=f\left(\begin{bmatrix}z_3\\ z_4\end{bmatrix}\right)=f(\boldsymbol{\omega}0*\boldsymbol{y}0)=f\left(\begin{bmatrix}\omega_{31} & \omega_{32}\\ \omega_{41} & \omega_{42}\end{bmatrix}*\begin{bmatrix}y_1\\ y_2\end{bmatrix}\right)=f\left(\begin{bmatrix}\omega_{31}*y_1+\omega_{32}*y_2\\ \omega_{41}*y_1+\omega_{42}*y_2\end{bmatrix}\right)$$

$$\boldsymbol{\Omega}1=[\omega_{53}\ \ \omega_{54}] \tag{4-18}$$

$$\begin{aligned}\boldsymbol{z}2&=[\boldsymbol{\omega}1*\boldsymbol{y}1]=[\omega_{53}\quad \omega_{54}]*f\left(\begin{bmatrix}\omega_{31}*y_1+\omega_{32}*y_2\\ \omega_{41}*y_1+\omega_{42}*y_2\end{bmatrix}\right)\\ &=\left[\omega_{53}*f\left([\omega_{31}*y_1+\omega_{32}*y_2]\right)+\omega_{54}*f\left([\omega_{41}*y_1+\omega_{42}*y_2]\right)\right]\end{aligned} \tag{4-19}$$

$$\boldsymbol{y}_{\text{real}}=\boldsymbol{y}2=f(\boldsymbol{z}2)=f\left(\left[\omega_{53}*f\left([\omega_{31}*y_1+\omega_{32}*y_2]\right)+\omega_{54}*f\left([\omega_{41}*y_1+\omega_{42}*y_2]\right)\right]\right) \tag{4-20}$$

损失函数 C 定义为

$$C=\frac{1}{2}(\boldsymbol{y}_{\text{real}}-\boldsymbol{y}_{\text{predict}})^2 \tag{4-21}$$

从决策效果看，希望网络预测出来的值和真实的值越接近越好，即希望 C 能达到最小。如果把 C 的表达式视为所有 ω 参数的函数，也就是求这个多元函数的最值问题，就将一个神经网络的问题转化为数学最优化的问题了。

对于损耗函数 C 和任何权重 ω，有

$$\frac{\partial C}{\partial \omega}=\frac{\partial}{\partial \omega}\left|\boldsymbol{y}-\boldsymbol{h}_w(x)\right|^2=\frac{\partial}{\partial \omega}\sum_k\left(y_k-a_k\right)^2=\sum_k\frac{\partial}{\partial \omega}\left(y_k-a_k\right)^2 \tag{4-22}$$

尽管输出层的误差是清楚的，由于训练数据没有说明隐藏节点应该具有什么样的值，而隐含层的误差似乎是模糊的。但幸运的是，能够从输出层反向传播误差。反向传播过程直接发端于整个误差梯度的微分。

对于多个输出单元，令 $\boldsymbol{Err}_k$ 为误差向量 $\boldsymbol{y}-\boldsymbol{h}_w$ 的第 k 个分量。修正误差 $\Delta_k=\boldsymbol{Err}_k\times g'(in_k)$ 能方便地计算，此时权重更新规则变为

$$\omega_{j,k}<-\omega_{j,k}+\alpha\times\alpha_j\times\Delta_k \tag{4-23}$$

为了更新输入单元和隐藏单元之间的连接，定义一个与输出节点的误差项相似的量。其思想是隐藏节点 j 需要为每个与它相连的输出节点的误差 Δ_k 负一部分责任。因此，Δ_k 值要按照隐藏节点和输出节点间的连接强度进行划分，并反向传播，以列为隐含层提供 Δ_k 值。j 值的传播规则如下：

$$\Delta_j=g'\left(in_j\right)\sum_k\omega_{i,k}\Delta_k \tag{4-24}$$

输入层和隐含层之间的权重更新规则本质上与输出层的更新规则相似：

$$\omega_{j,k}<-\omega_{j,k}+\alpha\times\alpha_i\times\Delta_j \tag{4-25}$$

为了满足数学的严谨性要求，现在从基本原理出发，推演反向传播公式。

计算第 k 个输出的、关于 $C=(y_k-a_k)^2$ 的梯度。除了连接到第 k 个输出单元的权重 ω_k 之外，该损耗相对于连接隐含层和输出层权重的梯度将是 0。对于这些权重，有

$$\begin{aligned}\frac{\partial C}{\partial \omega_{j,k}}&=-2\left(y_k-\alpha_k\right)\frac{\partial a_k}{\partial \omega_{j,k}}=-2\left(y_k-a_k\right)\frac{\partial g\left(in_k\right)}{\partial \omega_{j,k}}\\&=-2\left(y_k-\alpha_k\right)g'\left(in_k\right)\frac{\partial in_k}{\partial \omega_{j,k}}=-2\left(y_k-a_k\right)g'\left(in_k\right)\frac{\partial\left(\sum_j\omega_{j,k}a_j\right)}{\partial \omega_{j,k}}\\&=-2\left(y_k-\alpha_k\right)g'\left(in_k\right)a_j=-a_j\Delta_k\end{aligned} \tag{4-26}$$

为了获得相对于连接输入层和隐含层的权重 $\omega_{i,k}$ 的梯度，必须展开激活 a_j，并再次施加链规则。详细剖析求导过程如下：

$$
\begin{aligned}
\frac{\partial C}{\partial \omega_{j,k}} &= -2(y_k-\alpha_k)\frac{\partial a_k}{\partial \omega_{i,j}} = -2(y_k-a_k)\frac{\partial g(in_k)}{\partial \omega_{i,j}} \\
&= -2(y_k-\alpha_k)g'(in_k)\frac{\partial in_k}{\partial w_{i,j}} = -2\Delta_k\frac{\partial\left(\sum_i \omega_{j,k}a_j\right)}{\partial \omega_{i,j}} \\
&= -2\Delta_k\frac{\partial a_j}{\partial \omega_{i,j}} = -2\Delta_k w_{j,k}\frac{\partial g(in_j)}{\partial \omega_{i,j}} \\
&= -2\Delta_k \omega_{j,k} g'(in_k)\frac{\partial in_j}{\partial \omega_{i,j}} \\
&= -2\Delta_k \omega_{j,k} g'(in_k)\frac{\partial\left(\sum_j w_{i,j}a_i\right)}{\partial \omega_{i,j}} \\
&= -2\Delta_k \omega_{j,k} g'(in_j)\alpha_i = -a_i\Delta_j
\end{aligned}
\qquad (4\text{-}27)
$$

由此可以获得更新规则。同样的过程也适合于多一层的隐含层。

第三节　简单神经网络的实现

一、数据预处理

在训练神经网络前一般需要对数据进行预处理，一种重要的预处理方法是归一化处理。下面简要介绍归一化处理的原理与方法。

（一）什么是归一化

数据归一化就是将数据映射到 [0，1] 或 [-1，1] 或更小的区间，如（0.1，0.9）。

（二）为什么要进行归一化处理

第一，输入数据的单位不同，有些数据的范围可能特别大，导致神经网络收敛慢、训练时间长。

第二，数据范围大的输入在模式分类中的作用可能会偏大，而数据范围小的输入作用就可能会偏小。

第三，由于神经网络输出层的激活函数的值域是有限制的，需要将网络训练的目标数据映射到激活函数的值域。例如，神经网络的输出层若采用S型激活函数，由于S型函数的值域限制在（0，1），也就是说神经网络的输出只能限制在（0，1），训练数据的输出就要归一化到[0，1]。

第四，S型激活函数在（0，1）以外区域很平缓，区分度太小。

（三）归一化算法

一种简单而快速的归一化算法是线性转换算法。常见的线性转换算法有两种形式。

第一种：

$$\boldsymbol{y}=(\boldsymbol{x}-\min)/(\max-\min) \tag{4-28}$$

其中，min为$\boldsymbol{x}$的最小值，max为$\boldsymbol{x}$的最大值，输入向量为$\boldsymbol{x}$，归一化后的输出向量为$\boldsymbol{y}$。上式将数据归一化到[0，1]，当激活函数采用S型函数[值域为（0，1）]时，这个公式适用。

第二种：

$$\boldsymbol{y}=2\times(\boldsymbol{x}-\min)/(\max-\min)-1 \tag{4-29}$$

这个公式将数据归一化到[-1，1]。当激活函数采用双极S型函数[值域为（-1，1）]时，这个公式适用。

（四）MATLAB数据归一化处理函数

MATLAB中归一化处理数据可以采用premnmx、postmnmx、tramnmx这3个函数。

1. premnmx

语法：[***pn***，min***p***，max***p***，***tn***，min***t***，max***t***]=premnmx（***p***，***t***）

参数如下。

pn：***p***矩阵按行归一化后的矩阵。

min***p***，max***p***：***p***矩阵每一行的最小值、最大值。

tn：***t***矩阵按行归一化后的矩阵。

min***t***，max***t***：***t***矩阵每一行的最小值、最大值。

作用：将矩阵***p***，***t***归一化到[-1，1]，主要用于归一化处理训练数据集。

2. tramnmx

语法：[***pn***]=tramnmx（***p***，min***p***，max***p***）。

参数如下。

min***p***，max***p***：premnmx 函数计算的矩阵的最小值、最大值。

pn：归一化后的矩阵。

作用：主要用于归一化处理待分类的输入数据。

3. postmnmx

语法：[***p***，***t***]=postmnmx（***pn***，min***p***，max***p***，***tn***，min***t***，max***t***）

参数如下。

min***p***，max***p***：premnmx 函数计算的 ***p*** 矩阵每行的最小值、最大值。

min***t***，max***t***：premnmx 函数计算的 ***t*** 矩阵每行的最小值、最大值。

作用：将矩阵 ***pn***，***tn*** 映射回归一化处理前的范围。postmnmx 函数主要用于将神经网络的输出结果映射回归一化前的数据范围。

二、使用 MATLAB 实现神经网络

使用 MATLAB 建立前馈神经网络主要会使用到下面三个函数。

newff：前馈网络创建函数。

train：训练一个神经网络。

sim：使用网络进行仿真。

下面简要介绍这 3 个函数的用法。

（一）newff 函数

1. newff 函数语法

newff 函数的参数列表中有很多可选参数，具体可以参考 MATLAB 的帮助文档。这里介绍 newff 函数的一种简单的形式。

语法：net=newff（***A***，***B***，{***C***}，'trainFun'）。

参数如下。

A：一个 $n \times 2$ 的矩阵，第 i 行元素为输入信号 x_i 的最小值和最大值。

B：一个 k 维行向量，其元素为网络中各层节点数。

C：一个 k 维字符串行向量，每一分量为对应层神经元的激活函数。

trainFun：为学习规则采用的训练算法。

2. 常用的激活函数

常用的激活函数有以下几个。

（1）线性函数。

$$f(x)=x \tag{4-30}$$

该函数的字符串为 'purelin'。

（2）对数 S 型转移函数。

$$f(x)=\frac{1}{1+e^{-x}}\ (0<f(x)<1) \tag{4-31}$$

该函数的字符串为 'logsig'。

（3）双曲正切 S 型函数

$$f(x)=\frac{2}{1+e^{-2n}}-1\ (-1<f(x)<1) \tag{4-32}$$

该函数的字符串为 'tansig'。

MATLAB 的安装目录下的 toolbox\nnet\nnet\nntransfer 子目录中有所有激活函数的定义说明。

3. 常见的训练函数

常见的训练函数有以下几个。

traingd：梯度下降 BP 训练函数。

traingdx：梯度下降自适应学习率训练函数。

4. 网络配置参数

一些重要的网络配置参数如下。

net.trainparam.goal：神经网络训练的目标误差。

net.trainparam.show：显示中间结果的周期。

net.trainparam.epochs：最大迭代次数。

net.trainParam.Ir：学习率。

（二）train 函数

语法：[net，*tr*，*Y*1，***E***]=train（net，*X*，*Y*）。

参数如下。

net：网络。

X：网络实际输入。

Y：网络应有输出。

tr：训练跟踪信息。

*Y*1：网络实际输出。

E：误差矩阵。

（三）sim 函数

语法：***Y***=sim（net，***X***）。

参数如下。

net：网络。

X：输入给网络的$K \times N$矩阵，其中K为网络输入个数,N为数据样本数。

Y：输出矩阵 $Q \times N$，其中 Q 为网络输出个数。

（四）MATLAB BP 网络实例

将 Iris 数据集分为两组，每组各 75 个样本，每组中每种花各有 25 个样本。其中一组作为以上程序的训练样本，另外一组作为检验样本。为了方便训练，将 3 类花分别编号为 1，2，3。

使用这些数据训练一个 4 输入（分别对应 4 个特征）、3 输出（分别对应该样本属于某一品种的可能性大小）的前向网络。

MATLAB 程序如下：

1. 读取训练数据

```
[f1,f2,f3,f4,class] = textread（'trainData.txt'，'%f%f%f%f%f',150）;
```

2. 特征值归一化

```
[input,minI,maxI] = premnmx（'[f1,f2,f3,f4]'）;
```

3. 构造输出矩阵

```
length（class）;
output=zeros（s,3）;
fori=1:s
output（i,class（i））=1;
end
```

4. 创建神经网络

```
net = newff ( minmax ( input ) ,[10 3],{'logsig''purelin'},'traingdx' ) ;
```

5. 设置训练参数

```
net. trainparam. show = 50;
net. trainparam. epochs = 500;
net. trainparam.goal = 0.01;
net. trainParam.lr = 0.01;
```

6. 开始训练

```
net = train ( net,input,'output' ) ;
```

7. 读取测试数据

```
[t1 t2 t3 t4 c] = textread ( 'testData.txt','%f%f%f%f%f,'150 ) ;
```

8. 测试数据归一化

```
testInput = tramnmx ( '[t1,t2,t3,t4]',minI,maxI ) ;
```

9. 仿真

```
Y = sim ( net,testInput )
```

10. 统计识别正确率

```
[s1,s2] = size ( Y ) ;
hitNum = 0;
for i=1:s2
[m， Index] = max ( Y ( :,i ) ) ;
if ( Index = c ( i ) )
hitNum = hitNum+ 1;
end
spr intf ( ' 识别率是 %3.3%%',100 * hithum/ s2 )
```

以上程序的识别率稳定在 95% 左右，训练 100 次左右达到收敛。

四、参数设置对神经网络性能的影响

本实验通过调整隐含层节点数，选择不同的激活函数，设定不同的学习率。

（一）隐含层节点个数

隐含层节点的个数对识别率的影响并不大，但是节点个数过多会增加运算量，使训练较慢。

（二）激活函数的选择

激活函数对识别率和收敛速度都有显著的影响。在逼近高次曲线时，S型函数精度比线性函数要高得多，但计算量也要大很多。

（三）学习率的选择

学习率影响着网络收敛的速度以及网络能否收敛。学习率设置偏小可以保证网络收敛，但是收敛较慢；相反，学习率设置偏大则有可能使网络训练不收敛，影响识别效果。

第五章　经典深度学习网络模型

第一节　卷积神经网络

1962 年，休布尔和维塞尔通过对猫视觉皮层细胞的研究，提出了感受野的概念，1984 年，日本学者藤岛基于感受野的概念提出了神经认知机。神经认知机被认为是卷积神经网络的第一个实现网络。随后国内外的研究人员提出了多种形式的卷积神经网络，并在邮政编码识别、在线手写识别以及人脸识别等图像处理领域得到了成功的应用。

一、基础知识

卷积神经网络属于深层结构，其由输入层、卷积层、池化层、全连接层组成，其中卷积层、池化层、全连接层可以有多个。

（一）输入层

卷积神经网络的输入层可以直接处理多维数据。它的主要任务是读取图像信息，该层的神经元个数与图像的维度紧密相关。与其他神经网络算法类似，卷积神经网络的输入特征需要进行标准化处理。输入特征的标准化可以提高算法的运行效率。

（二）卷积层

在数学中，卷积是一种重要的线性运算。数字信号处理中，常用的卷积类型包括三种，即 Full 卷积、Same 卷积和 Valid 卷积。[①] 下面假设输入信号为一维信号，即 $x \in \mathbf{R}^n$，且滤波器为一维的，即 $w \in \mathbf{R}^m$。

① 徐克虎，孔德鹏，黄大山，等. 智能计算方法及其应用 [M]. 北京：国防工业出版社，2019.

1. Full 卷积

$$\begin{cases} y = \mathrm{conv}\left(x, w, \text{‘full’}\right) = \left[(y(1), \cdots, y(t), \cdots, y(n+m-1)\right] \in \mathbf{R}^{n+m-1} \\ y(t) = \sum_{i=1}^{m} x(t-i+1) \cdot \omega(i) \end{cases} \tag{5-1}$$

其中，t=1，2，…，$n+m-1$。

2. Same 卷积

Y=conv（x，w，‘same’）=center[conv（x，w，‘full’），n] ∈ $\mathbf{R}^n$（5–2）

其返回结果为 Full 卷积中与输入信号 $x \in \mathbf{R}^n$ 尺寸相同的中心部分。

3. Valid 卷积

$$\begin{cases} y = \mathrm{conv}\left(x, w, \text{‘valid’}\right) = \left[y(1), \cdots, y(t), \cdots, y(n-m+1)\right] \in \mathbf{R}^{n-m+1} \\ y(t) = \sum_{i=1}^{m} x(t+i-1)\omega(i) \end{cases} \tag{5-3}$$

其中，t=1，2，…，$n-m+1$。

在实际应用中，卷积流常用 Valid 卷积，容易将上面的一维卷积操作扩展至二维的操作场景。为了直观地说明 Valid 卷积，本书给出如图 5-1 所示的图示。

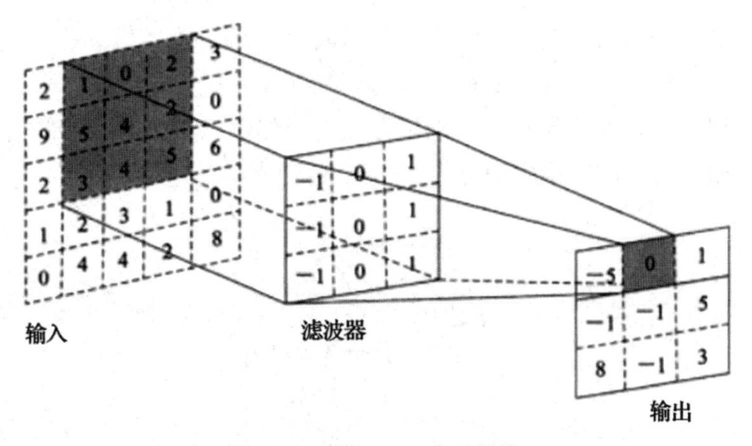

图 5-1　二维 Valid 卷积操作

（三）池化层

池化为降采样操作，即在一个小区域内，采取一个特定的值作为输出值。本质上，池化操作执行空间或特征类型的聚合，降低空间维度，其主要意义是减少计算量，刻画平移不变性；约减下一层的输入维度，有效控制过拟合风险。池化的操作方式有多种，如最大池化、平均池化、范数池化和对数概率池化等。常用的池化方式为最大池化（一种非线性下采样的方式），如图 5-2 所示。

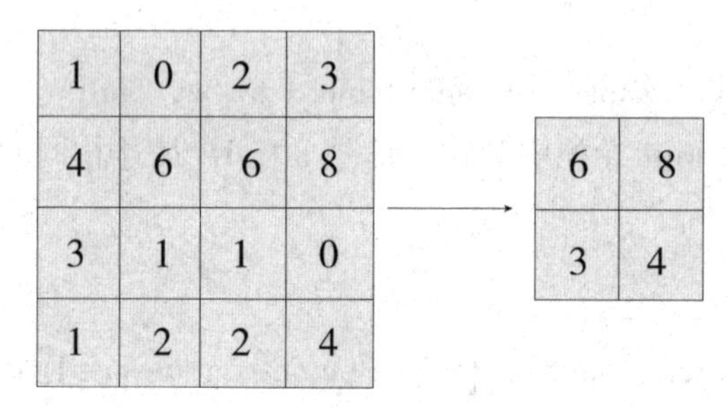

图 5-2　最大池化

注意图 5-2 中是无重叠的最大池化，池化半径为 2。在深度学习平台上，除有池化半径以外，还有 Stride（步幅）参数，即过滤器在原图上扫描时，需要条约的格数，默认跳一格，与卷积阶段的意义相同。

（四）全连接层

在 CNN 结构中，经过多个卷积层和池化层后，连接着多个全连接层。全连接层中的每个神经元与其前一层的所有神经元进行全连接。全连接层可以整合卷积层或者池化层具有类别区分性的局部信息。全连接层的输出值将被传递给输出层，用以最后的分类，如图 5-3 所示。

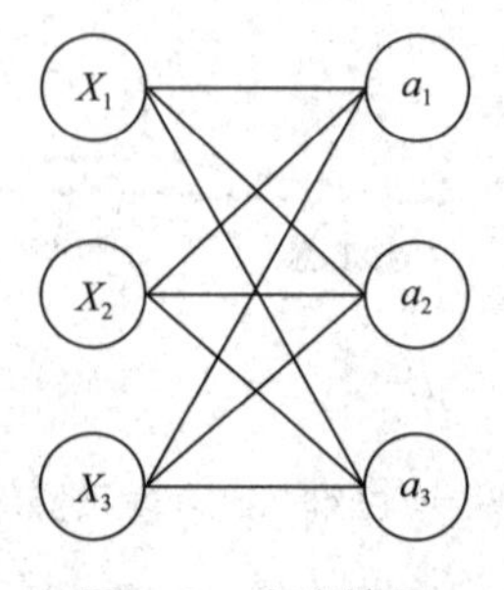

图 5-3　全连接层

图中，X_1、X_2、X_3 为全连接层的输入，a_1、a_2、a_3 为输出。

二、卷积神经网络的结构及特点

CNNs 是受视觉神经机制的启发而设计的一种特殊的深层神经网络模型。该网络神经元之间的连接是非全连接的，且同一层中某些神经元之间的连接权值是共享的，这使网络模型的复杂度大幅降低，需要训练的权值的数量也大幅减少。图 5-4 所示的网络为一个典型的 CNNs 结构，网络的每一层都由一个或多个二维平面构成，每个平面由多个独立的神经元构成。输入层直接接收输入数据，如果处理的是图像信息，神经元的值直接对应图像相应像素点上的灰度值。根据操作的不同，可将隐含层分为两类。一类是卷积层，卷积层内的平面称为 C 面，C 面内的神经元称为 C 元。卷积层也称为特征提取层，每个神经元的输入与前一层对应的一部分局部神经元相连，并提取该局部的特征，一旦该局部特征被提取，它与其他特征间的位置关系也随之确定下来。另一类为采样层，采样层内的平面称为S面,S面内的神经元称为S元。采样层也称为特征映射层。采样层使用池化方法将小邻域内的特征整合，得到新的特征。特征提取后的图像通常存在两个问题：①邻域大小受限，造成估计值方差增大；②卷积层参数误差造成估计均值的偏移。一般来说，平均池化能降低第一种误差，更多地保留图像的背景信息，最大池化能降低第二种误差，更多地保留纹理信息。卷积层与采样层呈交叉排列，即卷积过程与采样过程交叉进行。输出层与隐含层之间采用全连接，输出层神经元的类型可以根据实际应用进行设计。

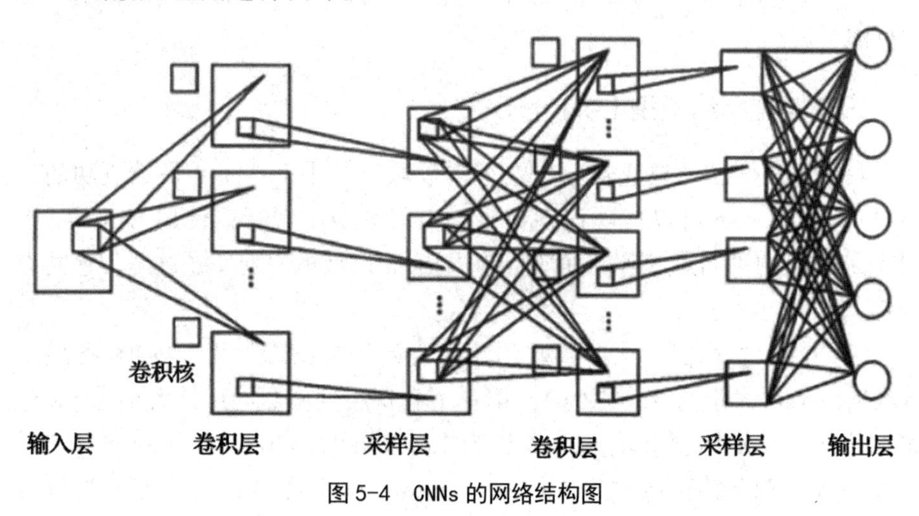

图 5-4　CNNs 的网络结构图

令 l 表示当前层，那么第 l 卷积层的第 j 个 C 面的所有神经元的输出用x_j^l表示。x_j^l可通过下式计算得到

$$x_j^l = f\left(\sum_i x_j^{l-1} * k_{ij}^l + b_j^l\right) \tag{5-4}$$

其中，* 表示卷积运算，k_{ij}^l为在第 l–1 层第 i 个 S 面上卷积的卷积核，b_j^l为第 l 层第 j 个 C 面上所有神经元的加性偏置。

第 l 层采样层的第 j 个 S 面的所有神经元的输出用x_j^l表示。x_j^l可通过下式计算得到

$$x_j^l = f\left(\beta_j^i \operatorname{down}\left(x_j^{l-1}\right) + b_j^l\right) \tag{5-5}$$

其中，down（·）为下采样操作，β_j^l为第 l 层的第 j 个 S 面的乘性偏置，b_j^l为第 l 层采样层的第 j 个 S 面所有神经元的加性偏置。

CNNs 可以识别位移、缩放及其他形式扭曲不变性的二维图形。CNNs 以其局部权值共享的特殊结构在语音识别和图像处理方面有着独特的优越性，其布局也更接近实际的生物神经网络，权值共享降低了网络的复杂性，特别是多维输入向量的图像可以直接输入网络这一特点避免了特征提取和分类过程中数据重建的复杂度。卷积网络较一般神经网络在图像处理方面有如下特点：①采样层具有位移不变性；②输入图像和网络的拓扑结构能很好地吻合；③特征提取和模式分类同时进行，并同时在训练中产生；④权重共享可以减少网络的训练参数，从而使神经网络结构变得更简单，适应性更强；⑤ CNNs 特有的两次特征提取结构使网络在识别时对输入样本有较高的畸变容忍能力。

三、典型网络模型 LeNet-5

目前 CNNs 已经被成功应用在很多领域，其中 LeNet-5 是最成功的应用之一。LeNet-5 可以成功识别数字。美国大多数银行曾使用 LeNet-5 识别支票上面的手写数字。下面介绍杨立昆等设计的一种 LeNet-5，它共有 7 层。

第一层，卷积层。该层接收的输入为原始的图像像素。LeNet-5 模型接收的输入层大小为 32 × 32 × 1。第一个卷积层过滤器的尺寸大小为 5 × 5，深度为 6，不使用全 0 填充，步长为 1。该层的输出尺寸为 32–5+1=28，深度为 6。这个卷积层共有 5 × 5 × 1 × 6+6=156 个参数，其中 6 个为偏置项参数。因为下一层的节点矩阵有 28 × 28 × 6=4 704 个节点，每个节点

与 5×5=25 个当前层节点相连，所以本层卷积层总共有 4 704×（25+1）=122 304 个连接。

第二层，池化层。这一层的输入为第一层的输出，是一个 28×28×6 的节点矩阵。本层采用的过滤器的大小为 2×2，长和宽的步长均为 2，所以本层输出的矩阵大小为 14×14×6。

第三层，卷积层。本层的输入矩阵大小为 14×14×6，使用的过滤器大小为 5×5，深度为 16。输出矩阵的大小为 10×10×16。按照标准的卷积层，本层应该有 5×5×16+16=416 个参数，10×10×16×（25+1）=41 600 个连接。

第四层，池化层。本层的输入矩阵大小为 10×10×16，采用的过滤器大小为 2×2，步长为 2，本层的输出矩阵大小为 5×5×16。

第五层，卷积层（在 LeNet-5 模型的论文中将这一层称为卷积层，但是因为过滤器的大小就是 5×5，所以和全连接层没有区别，也可以将这一层看成全连接层）。本层的输入矩阵大小为 5×5×16，本层的输出节点个数为 120，总共有 5×5×16×120+120=48 120 个参数。

第六层，全连接层。本层的输入节点个数为 120，输出节点个数为 84，总共参数为 120×84+84=10 164 个。

第七层，输出层。本层的输入节点个数为 84，输出节点个数为 10，总共参数为 84×10+10=850 个。

LeCun 等同样使用 Mnist 数据库内的图像训练设计 CNNs。训练误差达到了 0.35%，测试误差达到了 0.95%。同时，LeCun 等将该网络用于在线的手写识别，识别率同样非常高。

四、卷积神经网络在图像识别中的应用

（一）实验数据

在进行此次实验前，为了得到一个标准的训练及检测数据集，且本实验的目的是将深度学习算法应用于病理医学中，所以笔者提前在医院完成了采集甲状腺淋巴结转移癌症病理样本工作。全部图像为全扫描文件，全部数据都为显微镜下 40 倍数据，并且将样本分为正常和癌变细胞两类，如图 5-5 和图 5-6 所示。

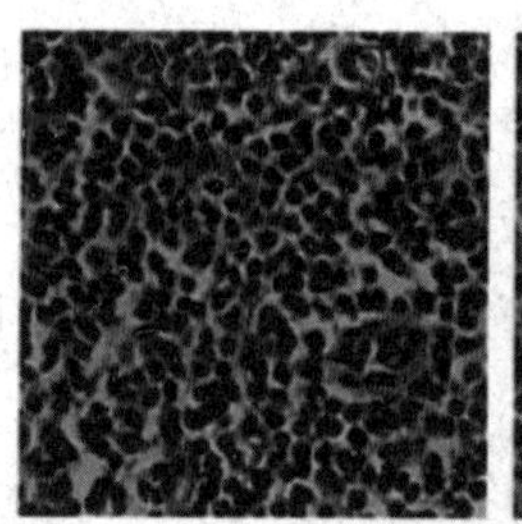
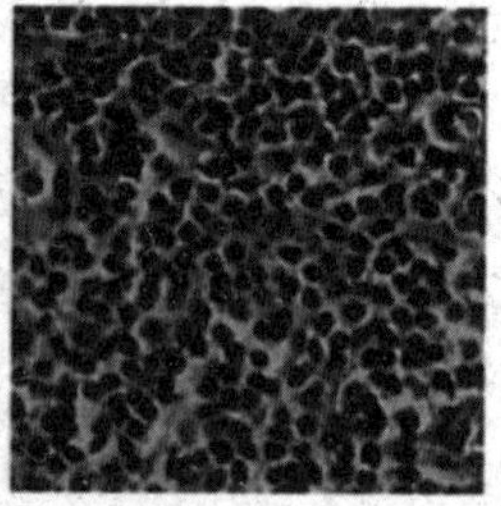

图 5-5　正常细胞图像

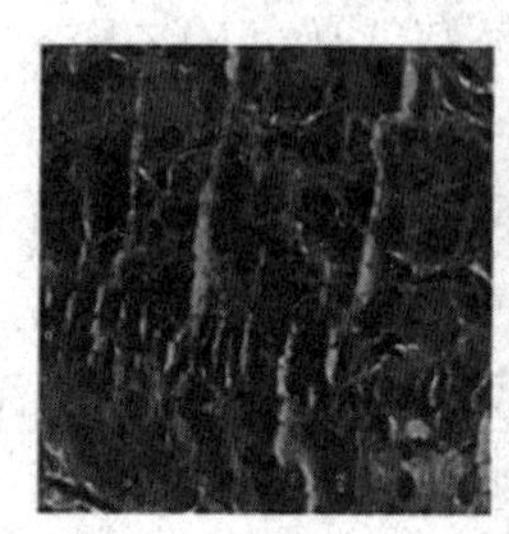
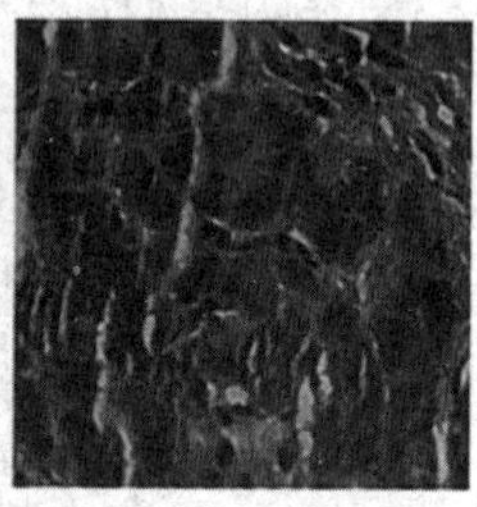

图 5-6　癌变细胞图像

本部分运用卷积神经网络的算法，实现图像的识别。在处理过程中，实验者通过读取图片、样本随机分配、网络设计、训练和验证四个步骤实现该算法。具体程序如下。

```
pool4=tf. layers. max_ _pooling2d ( inputs= =conv4, pool_size=[2,2],strides= =2 )
rel =tf. reshape ( pool4,[-1 ,6*6* 128] )
dense1=tf . layers. dense ( inputs=rel , units= 1 024 ,activation=tf.nn. relu,
kernel_ initializer=tf. truncated_ .normal_ .initializer ( stddev=0.01 ) ,
kernel_ regularizer=tf.contrib.layers.12_regularizer ( 0.003 ))
dense2=tf. layers . dense ( inputs= =dense1 , units= -512, activation=tf. nn. relu,
kernel_ initializer=tf. truncated_ normal_initializer ( stddev=0.01 ) ,kernel_
regularizer=tf . contrib.layers. l2_ regularizer ( 0. 003 ))
logits=tf. layers. dense ( inputs=dense2,units=2,activation=None,
kernel_ initializer=tf. truncated_ normal_initializer ( stddev=0.01 ) ,kernel.
regularizer-tf . contrib.layers.l2_ regularizer ( 0.003 ))
```

（二）数据结果与分析

本次实验的实验环境为 Ubuntu 系统 +TensorFlow+Python3.6+ Anaconda+spyder，为了体现卷积神经网络的有效性，所以引用了同为深度学习算法的深度置

信网络算法（DBN），进行了对比试验。在实验中，两种算法的层数一致，并分别做了10次实验，以平均值作为实验结果，见表5–1所列。

表5–1　不同算法下的实验结构对比

项　目	实验1	实验2
算法	CNN	DBN
正确率	89.8%	83.5%
耗时/s	156.5	278.6

通过对比实验可以看出，卷积神经网络的识别性能高于深度置信网络算法，显示了算法的优越性，因此将卷积神经网络算法应用于病理医学的图像处理中。

（三）结论

在此次实验中，运用卷积神经网络在图像中的识别功能，对病理医学图像进行有效的处理。研究表明，通过大量的数据学习训练，卷积神经网络对病理图像的识别效率高、准确度高。本书针对病理医学图像处理效率过低的情况，采用了卷积神经网络进行病理特征的判断，且准确率与效率高于传统方法的平均准确率和平均效率。本节对卷积神经网络的原理进行了深入的研究，对网络的参数进行了深刻的学习，并将其应用于甲状腺的病理图像的识别中。

第二节　循环神经网络

传统的深度前馈神经网络在图像分类、图片检索、目标检测等领域已有很多较为成功的应用。这种网络是单向传播的，其输出仅和输入有关，网络结构为各层之间的神经元连接，层中的神经元之间无连接，导致这种网络模型对时序相关信息的处理能力较差。生物体中神经元之间的连接要复杂得多，其输出不仅受到输入的影响，还与前一时刻的输出有关，这样生物体中的神经网络就能更好地学习与时序相关的特征。为了能实现和生物体中神经网络相似的功能，循环神经网络（RNN）通过引入层中的定向循环，从而具有更好的表征高维信息的整体特征的能力。

一、简单循环神经网络

如图 5-7 所示是一个简单的循环神经网络的结构图。

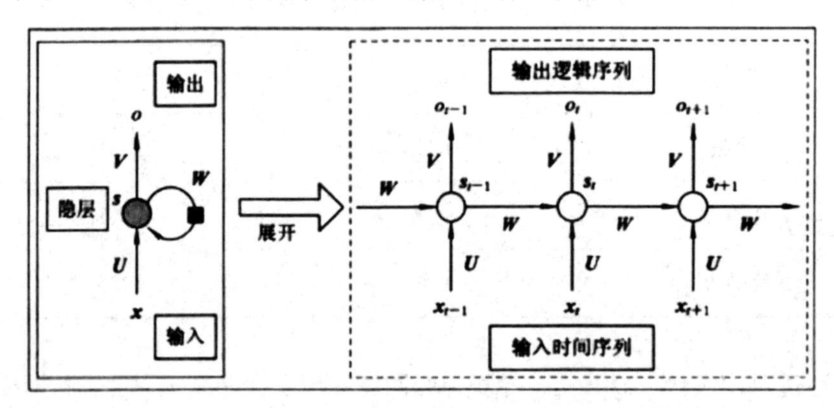

图 5-7 循环神经网络结构图

从图 5-7 中可以看出，RNN 是一个具有记忆能力的网络，其当前时刻 t 的状态 $\boldsymbol{s}_t$ 不仅和当前时刻的输入 x_t 有关，还和上一时刻的状态 $\boldsymbol{s}_{t-1}$ 有关，循环神经网络类似一个动态系统（系统的状态按照一定的规律随时间变化）。

（一）训练数据

RNN 中的训练数据可表示为如下的形式：

$$\left\{x_t \in \mathbf{R}^n, y_t \in \mathbf{R}^m\right\}_{t=1}^{T} \tag{5-6}$$

其中，$\boldsymbol{x}_t$ 表示 t 时刻的输入，该时间序列的长度为 T。输出 $\boldsymbol{y}_t$ 是一个与 t 时刻之前（包括 t 时刻）的输入以及隐层状态 $\boldsymbol{s}_t$ 有关系的量，即 $\left\{\boldsymbol{x}_1, \boldsymbol{x}_2, \cdots, \boldsymbol{x}_t, \boldsymbol{s}_1, \boldsymbol{s}_2, \cdots, \boldsymbol{s}_t\right\} \xrightarrow{\text{关系}} \boldsymbol{y}_t$。

（二）模型

RNN 模型可表示为如下的形式：

$$\begin{cases} \boldsymbol{s}_t = \sigma\left(\boldsymbol{U} \cdot \boldsymbol{x}_t + \boldsymbol{W} \cdot \boldsymbol{s}_{t-1} + b\right) \\ \boldsymbol{o}_t = \boldsymbol{V} \cdot \boldsymbol{s}_t + c \in \mathbf{R}^m \\ \boldsymbol{y}_t = \operatorname{softmax}\left(\boldsymbol{o}_t\right) \in \mathbf{R}^m \end{cases} \tag{5-7}$$

式中，$\boldsymbol{U}$、$\boldsymbol{W}$、$\boldsymbol{V}$ 分别为输入与状态之间、状态（前一时刻）与状态（当前时刻）之间以及状态与输出之间的权重矩阵；b、c 为偏置项；softmax 不是分

类器，而是作为激活函数，即将一个 m 维向量压缩成另一个 m 维的实数向量，其中向量中的每个元素的取值范围为（0，1），即

$$\begin{cases} \operatorname{softmax}\left(\boldsymbol{o}_t\right)=\dfrac{1}{Z}\cdot\left[\mathrm{e}^{(\sigma_i,(1))},\cdots,\mathrm{e}^{(\sigma_i(m))}\right]^T \\ Z=\sum_{j=1}^{m}\mathrm{e}^{(\sigma_i,(j))} \end{cases} \tag{5-8}$$

其中，Z 为归一化因子。σ（·）训练中需要学习的参数为权重矩阵和偏置。

（三）优化目标函数

基于输出与输入之间的关系式以及模型，利用负对数似然（交互熵）建构损失函数，得到的优化目标函数为

$$\min_0 J(\theta)=\sum_{t=1}^{T}\operatorname{loss}\left(\hat{\boldsymbol{y}}_t,\boldsymbol{y}_t\right)=\sum_{t=1}^{T}\left(-\left[\sum_{j=1}^{m}\boldsymbol{y}_t(j)\cdot\lg\left(\hat{\boldsymbol{y}}_t(j)\right)+\left(1-\boldsymbol{y}_t(j)\right)\cdot\lg\left(1-\hat{\boldsymbol{y}}_t(j)\right)\right]\right) \tag{5-9}$$

其中，$\boldsymbol{y}_t$（j）为真实输出 $\boldsymbol{y}_t$ 的第 j 个元素，$\widehat{\boldsymbol{y}_t}$（$j$）为预测输出 $\widehat{\boldsymbol{y}_t}$ 的第 j 个元素参数，θ 为待学习的参数，$\theta=[\boldsymbol{U},\boldsymbol{V},\boldsymbol{W};b,c]$。

（四）求解

由于循环神经网络在每一个 t（t=1，2，…，T）时刻都对应着一个监督信息 $\boldsymbol{y}_t$，相应的损失项简记为

$$J_t(\theta)=\operatorname{loss}(\widehat{\boldsymbol{y}_t},\boldsymbol{y}_t) \tag{5-10}$$

优化目标函数和前馈神经网络采用的反向传播算法不同，其通过时间序列的反向传播算法（BPTT）实现。其计算过程和反向传播算法类似，也是通过参数更新优化目标网络，待优化的参数 $\theta=[\boldsymbol{U},\boldsymbol{V},\boldsymbol{W};b,c]$，其核心是对如下五个偏导数的求解：

$$\left[\frac{\partial J(\theta)}{\partial \boldsymbol{V}},\frac{\partial J(\theta)}{\partial c},\frac{\partial J(\theta)}{\partial \boldsymbol{W}},\frac{\partial J(\theta)}{\partial \boldsymbol{U}},\frac{\partial J(\theta)}{\partial b}\right] \tag{5-11}$$

其中，前两个偏导数的求解，依据如下误差传播项求解：

$$\delta_{\boldsymbol{o}_t}=\frac{\partial J_t(\theta)}{\partial \boldsymbol{o}_t} \tag{5-12}$$

注意：δ_{o_t} 是 t 时刻的目标函数关于 t 时刻的输出 $\boldsymbol{o}_t$ 的偏导数。另外三个偏导数则根据误差传播项求解：

$$\delta_{s_t}=\frac{\partial J_1(\theta)}{\partial \boldsymbol{s}_t} \tag{5-13}$$

这里仅给出目标函数关于权重 ω 的偏导数，即

$$\frac{\partial J(\theta)}{\partial \boldsymbol{W}}=\sum_{t=1}^{T}\sum_{k=1}^{t}\frac{\partial \boldsymbol{s}_k}{\partial \boldsymbol{W}}\cdot\frac{\partial \boldsymbol{s}_t}{\partial \boldsymbol{s}_k}\cdot\frac{\partial J_t(\theta)}{\partial \boldsymbol{s}_t}=\sum_{t=1}^{T}\sum_{k=1}^{t}\frac{\partial \boldsymbol{s}_k}{\partial \boldsymbol{W}}\cdot\frac{\partial \boldsymbol{s}_t}{\partial \boldsymbol{s}_k}\cdot\delta_{s_t} \tag{5-14}$$

注意：隐含层的 t 时刻输出 $\boldsymbol{s}_t$ 与之前的输出 $\boldsymbol{s}_k$（k=1，2，$\cdots$，t-1）有关系。其中，依据链式法，则有

$$\frac{\partial \boldsymbol{s}_t}{\partial \boldsymbol{s}_k}=\prod_{j=k+1}^{t}\frac{\partial \boldsymbol{s}_j}{\partial \boldsymbol{s}_{j-1}}=\prod_{j=k+1}^{t}\left(\boldsymbol{W}^{\mathrm{T}}\cdot\operatorname{diag}\left(\sigma'\left(\boldsymbol{s}_{j-1}\right)\right)\right) \tag{5-15}$$

其中，σ'（·）为激活函数 σ（·）的导数，函数 diag（·）用于取对角元素。

虽然循环神经网络从理论上可以建立长时间间隔状态之间的依赖关系，但由于梯度弥散或梯度爆炸（连乘后的梯度值趋于无穷大，造成系统不稳定）问题，在实际应用中，只能学习到短周期的依赖关系。

二、长短时记忆神经网络

已知（简单的）循环神经网络的核心问题是随着时间间隔的增加容易出现梯度爆炸或梯度弥散，为了有效地解决这一问题，通常引入门限机制来控制信息的累积速度，并可以选择遗忘之前的累积信息。这种门限机制下的循环神经网络包括长短时记忆（LSTM）神经网络和门限循环单元（GRU）神经网络，这两种网络都是循环神经网络的变体，其中门限循环单元神经网络是长短时记忆神经网络的进一步改进，其使网络参数大大减少。本部分将重点给出长短时记忆神经网络的数学分析。

（一）改进动机分析

在简单的循环神经网络中，从式（5-14）和式（5-15）中可知，若定义：

$$\zeta=\boldsymbol{W}^{\mathrm{T}}\cdot\operatorname{diag}\ll\left[\sigma'\left(s_{j-1}\right)\right] \tag{5-16}$$

将式（5-15）代入式（5-14）中，有

$$\prod_{j=k+1}^{t}\left\{\boldsymbol{W}^{\mathrm{T}}\cdot\operatorname{diag}\left[\sigma'\left(s_{j-1}\right)\right]\right\}\to\zeta^{-k} \tag{5-17}$$

如果 ζ 的谱半径 $\|\zeta\|>1$，当时差（$t-k$）趋于无穷大时，则式（5–17）的值将会趋于无穷大并且导致系统出现所谓的梯度爆炸问题；相反，若 $\|\zeta\|<1$，则会随着时差的无限扩大，式（5–17）的值趋于 0 而导致梯度弥散问题。

避免梯度爆炸或梯度弥散问题的核心是将 ζ 的谱半径设为 $\|\zeta\|=1$，若将 $\boldsymbol{W}$ 设为单位矩阵，同时 σ'（$\boldsymbol{s}_{j-1}$）的谱范数为 1，即式（5–17）的隐含层关系退化为

$$\boldsymbol{s}_t=\sigma\left(\boldsymbol{U}\cdot\boldsymbol{x}_t+\boldsymbol{W}\cdot\boldsymbol{s}_{t-1}+b\right)\xrightarrow{\text{退化}}\boldsymbol{s}_t=\boldsymbol{U}\cdot\boldsymbol{x}_t+\boldsymbol{s}_{t-1}+b \tag{5-18}$$

为保证对训练样本特征的有效表示，改进后的方式是，引入细胞状态 $\boldsymbol{C}_t$ 来进行信息的非线性传递，如式（5–19）所示。改进后的循环神经网络（RNN）结构如图 5–8 所示。

$$\begin{cases}\boldsymbol{C}_t=\boldsymbol{C}_{t-1}+\boldsymbol{U}\cdot\boldsymbol{x}_t\\ \boldsymbol{s}_t=\tanh\left(\boldsymbol{C}_t\right)\end{cases} \tag{5-19}$$

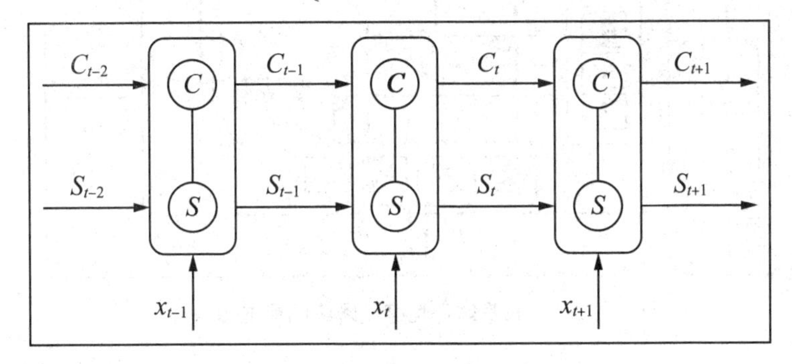

图 5–8　增加新状态后的循环神经网络

这里的非线性激活函数为 tanh（·）。

从图 5–8 可知，随着时间 t 的增加，细胞状态 $\boldsymbol{C}_t$ 的累积量将会变得越来越大，从而导致导数因趋于无限大而出现梯度爆炸。为了解决这个问题，研究者引入了门限机制，通过门限控制输入的信息以及状态的更新从而控制信息的累积速度，还可以选择遗忘部分之前累积的信息，减少细胞状态 $\boldsymbol{C}_t$ 的累积量。这便是长短时记忆神经网络相较于传统循环神经网络更稳定的原因。

（二）长短时记忆神经网络的数学分析

基于图 5–8，长短时记忆神经网络的核心是设计细胞状态 $\boldsymbol{C}$，用于控制信息的变化。注意，图 5–8 中，t 时刻的输入包括当前时刻的输入 x_t、前一时刻的细胞状态 $\boldsymbol{C}_{t-1}$ 以及前一时刻的隐含层状态 $\boldsymbol{S}_{t-1}$ 三个量，输出包括当前时刻的细胞状态 $\boldsymbol{C}_t$ 以及当前时刻的隐含层状态 $\boldsymbol{S}_t$。长短时记忆神经网络的结构包括以下两点：

①关于细胞状态 $\boldsymbol{C}_{t-1}$ 通过遗忘门确定 $\boldsymbol{C}_t$ 有多少成分保留在 $\boldsymbol{C}$ 中，以及通过输入门确定 x 中有多少成分保留在 $\boldsymbol{C}$ 中。

②关于隐含层状态 $\boldsymbol{S}_t$，输出门通过控制 e 来确定输出 $\boldsymbol{o}_t$ 中有多少成分输出到 $\boldsymbol{S}_t$。

注意：网络的核心设计包括三个门，即输入门、遗忘门和输出门。具体每一个门的输入、门限与输出的数学分析和网络结构如图 5–9 所示。

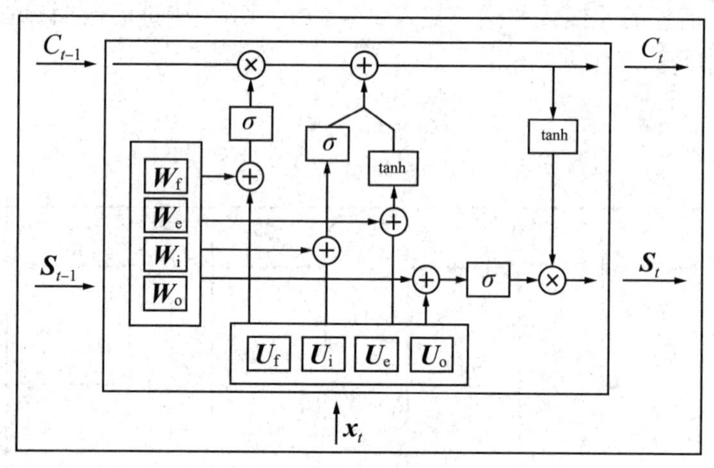

图 5–9　长短时记忆神经网络的标准模块

1. 遗忘门

该门的目的是确定 t 时刻输入中的 $\boldsymbol{C}_{t-1}$ 有多少成分保留在 $\boldsymbol{C}_t$ 中，实现公式为

$$f_t = \sigma\left(\boldsymbol{U}_f \cdot \boldsymbol{x}_\mathrm{i} + \boldsymbol{W}_f \cdot \boldsymbol{s}_{t-1}\right) \tag{5-20}$$

这里的 f 代表“forget”。这个公式是遗忘门的门限，式中的 $\boldsymbol{U}_f$ 和 $\boldsymbol{W}_f$ 为 t 时刻输入 $\boldsymbol{x}_\mathrm{i}$ 的权重矩阵和 t–1 时刻隐含层状态 $\boldsymbol{S}_{t-1}$ 的权重矩阵，σ 为 Sigmoid 激活函数。通过遗忘门，保留在 $\boldsymbol{C}_t$ 中的输入成分为 $f_t \odot \boldsymbol{C}_{t-1}$，符号“⊙”表示对应向量中对应元素相乘。

2. 输入门

该门的主要目的是确定输入 x_{i} 中有多少成分保留在 $\boldsymbol{C}_{\mathrm{i}}$ 中，实现公式为

$$\begin{cases} i_t = \sigma\left(\boldsymbol{U}_{\mathrm{i}} \cdot \boldsymbol{x}_t + \boldsymbol{W}_t \cdot \boldsymbol{s}_{t-1}\right) \\ \overline{\boldsymbol{C}}_t = \tanh\left(\boldsymbol{U}_c \cdot \boldsymbol{x}_t + \boldsymbol{W}_c \cdot \boldsymbol{s}_{t-1}\right) \end{cases} \tag{5-21}$$

这里的 i 代表“input”。i_t 为 t 时刻输入门的输入，通过输入门，将输入中对应的$\overline{\boldsymbol{C}_t}$保留下来，即输入门过后，保留在 $\boldsymbol{C}$ 中的成分为 $i_t \odot \overline{\boldsymbol{C}_t}$。

3. 输出门

该门的目的是利用控制单元 $\boldsymbol{C}_t$ 确定输出 $\boldsymbol{O}_t$ 中有多少成分输出到隐含层 $\boldsymbol{S}_t$ 中。首先，经过遗忘门和输入门之后的状态 $\boldsymbol{C}$，即 $\boldsymbol{C}_t$ 的实现公式为

$$\boldsymbol{C}_t = i_t \odot \overline{\boldsymbol{C}_t} + f_t \odot \boldsymbol{C}_{t-1} \tag{5-22}$$

其中，前一部分是输入门后保留在 C_t 中的成分，后一部分是遗忘门后保留在 $\boldsymbol{C}_t$ 中的成分。

其次，为了确定 $\boldsymbol{C}_t$ 有多少成分保留在 $\boldsymbol{S}_t$ 中，给出输出的实现公式：

$$O_t = \sigma\left(\boldsymbol{U}_{\mathrm{o}} \cdot x_{\mathrm{i}} + \boldsymbol{W}_{\mathrm{o}} \cdot \boldsymbol{S}_{t-1}\right) \tag{5-23}$$

这里的 $\boldsymbol{O}_t$ 为 t 时刻输出层的状态。

最后，经过输出门，保留在隐含层上的成分为

$$\boldsymbol{S}_t = \boldsymbol{O}_t \odot \tanh\left(\boldsymbol{C}_t\right) \tag{5-24}$$

长短时记忆神经网络存在很多种改进算法，其中改进后与其效果相当且模型较简单的算法是门限循环单元神经网络。该网络的一个改进是将长短时记忆神经网络中的遗忘门和输入门结合成更新门。更新门用于控制前一时刻的状态信息被带入当前状态中的程度。更新门的值越大，说明前一时刻状态信息被代入得越多，门数量的减少使网络中参数的数量减少，从而加快了模型收敛速度。门限循环单元神经网络的另一个改进是将细胞状态和隐含层状态融合，将输出门适当更改为重置门。重置门用于控制忽略前一时刻状态信息的程度，重置门的值越小，忽略信息越多。

三、循环神经网络在文本分类中的应用

（一）经典的文本分类模型分析

随着大数据时代的到来，自然语言处理方面的任务越来越重，因此大量

的研究者都纷纷投入了自然语言处理的相关研究中，其中尤为重要的文本分类引起了大家的注意。随着主题模型和语言模型的研究的快速发展，目前文本分类模型主要有以下几种：①基于概率主题模型及其变形的相关模型进行分类，如基于 LDA（隐含狄利克雷分布）主题模型的文本分类、基于动态 LDA 主题模型、基于滑动窗口的主题模型等；②基于词 / 文档向量的文本分类，如基于 Wordavec（词向量）的文本分类或聚类、基于 Doc2vec 与 BTM 主题模型等；③基于深度学习的文本分类，如基于深度学习主题模型的文本分类、基于循环神经网络模型的文本分类。其中，基于概率主题的方法由于初始化是采用特定的概率分布，而且忽略了文档中的语序，其模型的困惑度较高。针对传统模型的不足，研究者先后提出了词 / 文档向量相似度增强的 LDA 模型，用这样的模型进行分类，虽然能在一定程度上提高分类的精度，但需要花费额外的时间来生成文档向量。于是，近几年随着深度学习的不断发展，研究者将其引入了自然语言处理领域，进而用于文本分类、情感分析等任务中。

（二）基于循环神经网络的模型

门循环单元（gated recurrent unit，GRU）是由 Cho 等提出的，其是 LSTM（长短时记忆网络）的一种变体。GRU 的结构与 LSTM 很相似，LSTM 有三个门，而 GRU 只有两个门且没有细胞状态，简化了 LSTM 的结构，也就是少了一部分矩阵运算，所以计算效率更高。

GRU 网络结构如图 5-10 所示。

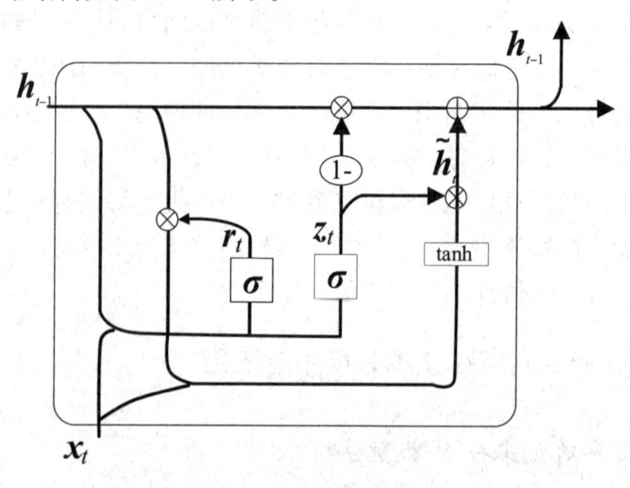

图 5-10　GRU 网络结构图

GRU 网络的工作流程如下。

Step1：计算重置门r_t和候选状态$\widetilde{h}_t$。

重置门r_t用来控制候选状态$\widetilde{h}_t$中有多少信息来自上一时刻的状态h_{t-1}，数学表示如下：

$$r_t = \sigma\left(W_r x_t + U_r h_{t-1} + b_r\right) \tag{5-25}$$

其中，σ表示激活函数，W_r、U_r、b_r为重置门的参数，x_t为第t层的输入，h_{t-1}是上一时刻的状态。

当前时刻的候选状态$\widetilde{h}_t$，数学表示如下：

$$\widetilde{h}_t = \tanh\left[W_h x_t + U_h\left(r_t \odot h_{t-1}\right) + b_r\right] \tag{5-26}$$

其中，$\odot$表示矩阵元素相乘，W_h、U_h为候选状态的参数，其他同上。

Step2：计算更新门z_t和当前状态h_t。

更新门z_t用来控制当前状态h_t中保留多少历史状态h_{t-1}中的信息，接收多少候选状态$\widetilde{h}_t$中的信息，数学表示如下：

$$z_t = \sigma\left(W_z x_t + U_z h_{t-1} + b_z\right) \tag{5-27}$$

其中，σ表示激活函数，W_z、U_z、b_z为更新门的参数，x_t为第t层的输入，h_{t-1}是上一时刻的状态。

当前时刻隐藏状态h_t，数学表示如下：

$$h_t = z_t \odot h_{t-1} + (1 - z_t) \odot \widetilde{h}_t \tag{5-28}$$

其中，z_t为更新门捕获的信息，h_{t-1}是上一时刻的状态，$\odot$表示矩阵元素相乘，$\widetilde{h}_t$为当前候选状态。

（三）基于分层 Attention 机制的 BiGRU 文本分类模型

基于分层 Attention 机制的 BiGRU 文本分类模型是按文档由句子构成的，句子是由词语构成这样的分层思想来进行处理的。先通过双向的 GRU 来对词序列进行表示，后采用 Self-Attention 机制提取出不同词语在不同句子中的重要性程度，即每个词的权重，然后在此基础上通过双向的 GRU 对句子进行表示后采用 Self-Attention 机制对不同句子在文档中的信息量进行提取，最后通过对文档进行向量化处理后由 softmax 层进行文档分类，其网络结构如图 5-11 所示。接下来一一介绍每一层的处理过程。

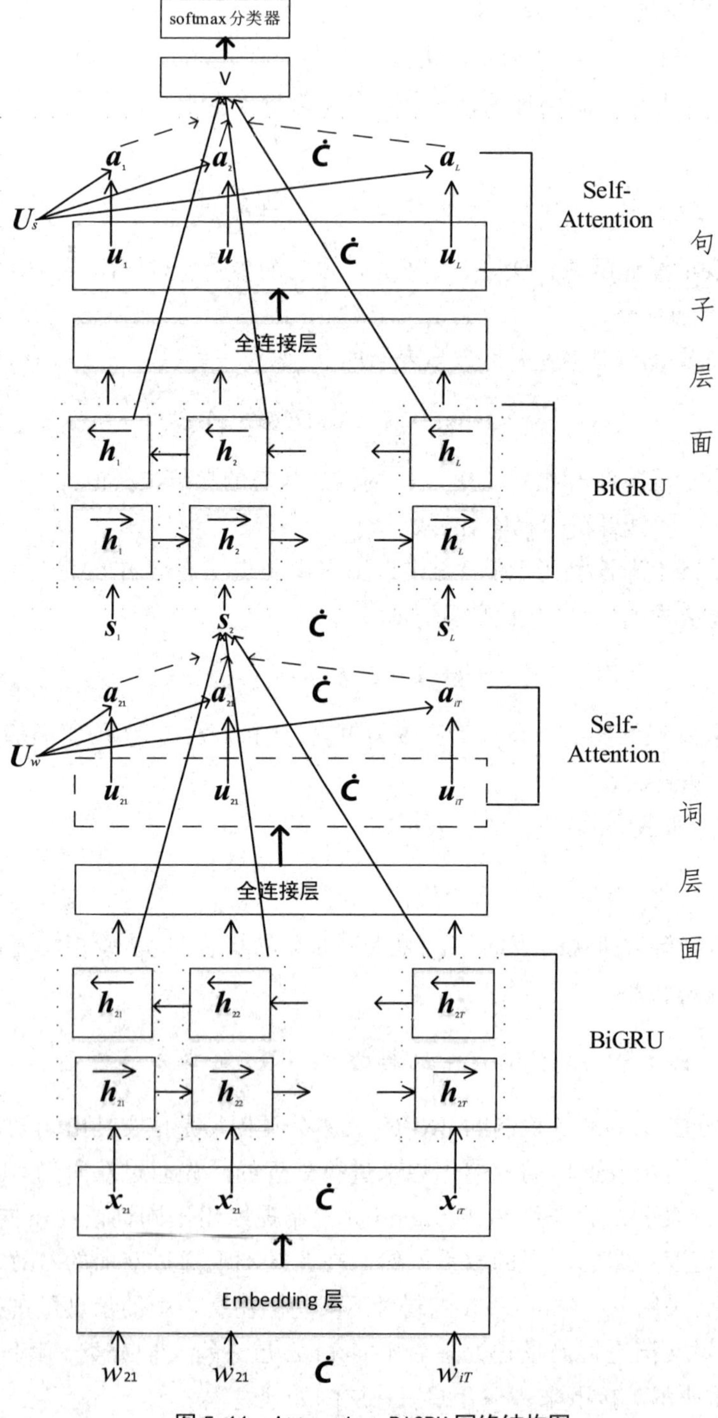

图 5-11　Attention-BiGRU 网络结构图

1. 词序列处理

Step1：将文档转换为模型识别的词向量序列。

先采用中文分词工具对文档进行分词处理，再通过 Word2vec 模型生成预训练词向量，这样就可以得到词长为T的句子，L_i中的词向量序列即$L_i:\{\boldsymbol{w}_{i1},\boldsymbol{w}_{i2},\cdots,\boldsymbol{w}_{iT}\}$。通过 embedding 层得到每个句子中的词嵌入向量$\boldsymbol{x}_{it}$：

$$\boldsymbol{x}_{it}=\omega_e\boldsymbol{w}_{it},t\in[1,T] \tag{5-29}$$

其中，ω_e为 embedding 嵌入层权重。

Step2：采用双向 GRU 模型对上一步嵌入层输出的词向量序列$\{\boldsymbol{x}_{i1},\boldsymbol{x}_{i2},\cdots,\boldsymbol{x}_{iT}\}$进行处理。

采用$\overrightarrow{GRU}$（前向 GRU 模型）学习，得到词语向量序列前向表示，其数学形式如式（5-30）所示；采用$\overleftarrow{GRU}$（反向 GRU 模型）学习，得到词向量序列的反向表示，其数学形式如式（5-31）所示。

$$\overrightarrow{\boldsymbol{h}_{it}}=\overrightarrow{GRU}(\boldsymbol{x}_{it}),t\in[1,T] \tag{5-30}$$

$$\overleftarrow{\boldsymbol{h}_{it}}=\overleftarrow{GRU}(\boldsymbol{x}_{it}),t\in[1,T] \tag{5-31}$$

Step3：通过注意力机制提取词语在句子中的重要程度。

先通过一个单层的感知机对 GRU 模型学习到的隐藏向量$\boldsymbol{h}_{it}\left(\boldsymbol{h}_{it}=[\overrightarrow{\boldsymbol{h}_{it}},\overleftarrow{\boldsymbol{h}_{it}}]\right)$进行处理，得到一个隐含层向量$\boldsymbol{u}_{it}$，具体操作见式（5-32）：

$$\boldsymbol{u}_{it}=\tanh(\boldsymbol{W}_w\boldsymbol{h}_{it}+\boldsymbol{b}_w) \tag{5-32}$$

其中，$\boldsymbol{W}_w$、$\boldsymbol{b}_w$为单层感知机的参数。

然后通过 Self-Attention 层得到表示词在句子中重要程度的权重α_{it}，具体处理过程如式（5-33）所示。其中，$\boldsymbol{u}_w$为词w在句子中的加权语境向量，需要先随机初始化，再随着模型反向传播，不断学习更新；最后由式（5-34），也就是权重α_{it}与编码向量$\boldsymbol{h}_{it}$的乘积求得一个句子的$\boldsymbol{s}_i$，即句子向量，其维度与编码向量$\boldsymbol{h}_{it}$一致。

$$\alpha_{it}=\frac{\exp(\boldsymbol{u}_{it}^{\mathrm{T}}\boldsymbol{u}_w)}{\sum_t\exp(\boldsymbol{u}_{it}^{\mathrm{T}}\boldsymbol{u}_w)} \tag{5-33}$$

$$\boldsymbol{s}_i=\sum_t\alpha_{it}\boldsymbol{h}_{it} \tag{5-34}$$

2. 句子序列处理

句子层面的处理和词层面的处理方法类似。句子的向量$\boldsymbol{s}_i$通过双向 GRU 模型进行正向学习和反向学习，如式（5-35）和式（5-36）所示，得到句子的隐含层向量$\boldsymbol{h}_i=[\overrightarrow{\boldsymbol{h}_i},\overleftarrow{\boldsymbol{h}_i}]$，然后采用 Self-Attention 机制获取每个词语在文档中的重要性，可通过式（5-37）和式（5-38）得到，其中$\boldsymbol{u}_s$为句子在文档中的加权语境向量，最后通过式（5-39）获得文档向量 $\boldsymbol{v}$。

$$\overrightarrow{\boldsymbol{h}_i}=\overrightarrow{GRU}(\boldsymbol{s}_i),i\in[1,L] \tag{5-35}$$

$$\overleftarrow{\boldsymbol{h}_i}=\overleftarrow{GRU}(\boldsymbol{s}_i),i\in[L,1] \tag{5-36}$$

$$\boldsymbol{u}_i=\tanh(W_s\boldsymbol{h}_i+b_s) \tag{5-37}$$

其中，W_s、b_s 为句子层面处理器的参数。

$$\alpha_i=\frac{\exp(\boldsymbol{u}_i^{\mathrm{T}}\boldsymbol{u}_s)}{\sum_i\exp(\boldsymbol{u}_{\mathrm{i}}^{\mathrm{T}}\boldsymbol{u}_s)} \tag{5-38}$$

$$\boldsymbol{v}=\sum_i\alpha_i\boldsymbol{h}_i \tag{5-39}$$

3. 文档分类

根据上一阶段得到的 v，利用 softmax 函数对文档进行分类，由式（5-40）得出预测文档类别的概率，训练模型中的损失函数如式（5-41）所示。

$$p=\mathrm{soft\,max}(W_c\boldsymbol{v}+b_c) \tag{5-40}$$

其中，W_c、b_c 为 softmax 分类器的参数。

$$\mathrm{loss}=-\sum_{i=1}^{T}y_i\log p_i \tag{5-41}$$

其中，y为样本实际值。

（四）实验对比与分析

1. 数据集

为了证明所提出模型的有效性，研究者在实验中选取中文文本分类中的

两个经典数据集 Fudan Sets 和 THUCNews。其中，Fudan Sets 是由复旦大学计算机信息与技术系国际数据库中心自然语言处理小组创建的中文文本分类数据集，分为 20 大类，包括艺术、教育和能源等。Fudan Sets 被划分为训练集和测试集两部分。THUCNews 由清华大学自然语言处理实验室推出，是基于新浪新闻的历史数据，现有新闻文献 74 万篇。它被分为 14 大类，包括金融、彩票和体育等。从数据集 THUCNews 的每个类别中随机选择 3 000 个训练样本和 500 个测试样本。数据集的详细信息见表 5-2 所列。

表 5-2　数据集的详细信息

数据集	文档数量	文档平均长度	句子平均长度	文档最大长度	句子最大长度	类别
Fudan Sets	19 637	101.58	16.92	827	3 975	20
THUCNews	49 000	22.34	17.38	721	1 114	14

2. 模型训练与超参数设置

（1）数据预处理。

Step1：由于中文不能直接用空格进行分词，因此需要利用 Jieba 中文分词工具将实验所选的数据集进行分词，同时利用相应的停用词文档去掉停用词，得到所需的中文词表。

Step2：利用 Word2vec 模型学习上一步，中文词表，得到预训练词嵌入向量，同时利用此向量初始化嵌入层权值向量 W_e。

（2）调整模型。为了防止 GRU 模型过拟合、梯度爆炸的问题，进行以下改进。

在模型训练过程中采用 DropConnect 方法，处理 hidden-to-hidden 权重矩阵($\boldsymbol{W}_r$，$\boldsymbol{U}_r$,$\boldsymbol{W}_h$，$\boldsymbol{U}_h$，$\boldsymbol{W}_z$，$\boldsymbol{U}_z$)，将节点中每个与其相连的输入权值以 $1-P$ 的概率变为 0。同时，绑定共享嵌入层的权重和 softmax 层的权重，以减少模型中大量的参数。除此之外，由于 Adam 优化方法在后期学习率太低，收敛性较差。因此针对这一问题采取在前期采用 Adam，后期换成 SGD，这样可以有效利用两者的优点，提高算法的收敛速度。

将训练模型中所用的权重都初始化为服从标准差为 0.1 的正态分布随机数。

（3）超参数设置。

①初始化学习率 $lr=le-3$。

②词向量的维度为300，最小批次为64，Fudan Sets数据集的嵌入大小为128，文档长度为120，句子长度为20；数据集THUCNews的嵌入大小为200，文档长度为25，句子长度为20。

③模型中的GRU单元数为128，隐藏层数为3，Attention层大小为128。

3. 实验结果与分析

实验中常选取精确率、召回率、F-score三个指标来验证所提出模型的效果。

将Fudan Sets数据集分别与TextCNN模型、Attention-BiLSTM模型、BiGRU_CNN模型进行对比，其实验结果见表5-3所列。从实验结果可以看出，所提出的模型的各项指标都有所改善，与较优模型相比，精确率提高了5.9%，F-score提高了4.6%，召回率提高了5.6%。

表5-3　Fudan Sets数据集的实验结果

模　型	召回率	F-score	精确率
TextCNN	82.1%	82.4%	82.8%
Attention-BiLSTM	82.9%	83.1%	83.3%
BiGRU_CNN	84.1%	83.6%	84.2%
Ours	89.7%	88.2%	90.1%

将THUCNews数据集分别与TextCNN模型、Attention-BiLSTM模型、BiGRU_CNN模型进行对比，其实验结果见表5-4所列。从实验结果可以看出，模型各项指标都有所改善，与较优模型相比，精确率提高了3%,F-score提高了1.8%，召回率提高了2.6%。

表5-4　THUCNews数据集的实验结果

模　型	召回率	F-score	精确率
TextCNN	82.2%	81.8%	82.6%
Attention-BiLSTM	83.2%	83.5%	83.8%
BiGRU_CNN	84.1%	85.4%	85.1%
Ours	86.7%	87.2%	88.1%

从表 5-2 可以看出，THUCNews 数据集的文档数是 Fudan Sets 数据集的 2 倍多，而文档的平均长度大约是 Fudan Set 数据集的 1/5，句子的最大长度大约是 Fudan Sets 数据集的 1/4，说明 Fudan Set 数据集是长文本文档，而 THUCNews 数据集是较短文档。结合表 5-3 和表 5-4 可以看出，针对两个数据集所提出的模型虽然在各项指标上均比目前的最优模型有所提高，但是在 Fudan Set 数据集上提高的幅度更大，因此可以看出，所提出的模型更适合于较长中文文档分类。

评价一个模型的性能，除了对比目标任务的精度等，还有一个重要的性能指标，那就是模型在同一个配置平台上的效率，即训练模型所需要的时间。对比训练模型的时间，见表 5-5 所列，可以看出所提出的模型的收敛速度更快。

表 5-5　训练模型的时间

单位：min

模　型	Fudan Sets	THUCNews
TextCNN	60	120
Attention-BiLSTM	94	146
BiGRU_CNN	92	200
Ours	74	128

第三节　胶囊神经网络

胶囊神经网络是近年来为克服卷积神经网络存在的缺陷而引入的一种神经网络，它以向量的形式表示部分与整体之间的关系，不仅能以特征响应的强度表示图像，还能表征图像特征的方向、位置等信息。同时，胶囊神经网络采用囊间动态路由算法，取代传统卷积神经网络中的最大池化法，避免了图像因池化而丢失精确位置信息。因此，胶囊神经网络以其独特魅力迅速成为深度学习领域的一门热门技术，众多科研人员纷纷对其进行深入研究。

一、胶囊神经网络的概述

与卷积神经网络（CNN）不同的是，胶囊神经网络的特点如下：胶囊不再以单个神经元的形式出现，而是一组神经元的集合，这个集合可以是向量，也可以是矩阵，胶囊和神经元的差异见表 5-6 所列。多个胶囊构成一个隐含层，深浅两层隐含层之间的关系则通过动态路由算法确定。与卷积神经网络隐含层中的特征图不同，胶囊的组成形式非常灵活，动态路由算法没有固定的模板，并且单独计算深浅两层隐含层中每个胶囊之间的关系。动态路由的计算方式决定了深浅两层隐含层之间是动态连接的关系，因此模型可以自动筛选更有效的胶囊，从而提高性能。CapsNet 解决了 CNN 对大幅度旋转之后的物体的识别能力低下及物体之间的空间辨识度差两个缺陷。

表 5-6　胶囊和神经元的差异

	整体流程	胶　囊	神经元
工作过程	矩阵转化	向量（$\boldsymbol{\mu}_i$）	标量
	输入加权	$\hat{\boldsymbol{\mu}}_{j/i}$	—
	加权求和	$s_j=\sum_i c_{ij}\hat{\boldsymbol{u}}_{j/i}$	$a_j=\sum_i w_i x_i+b$
	非线性变换	$v_j=\frac{\lVert s_j\rVert^2}{1+\lVert s_j\rVert^2}\frac{s_j}{\lVert s_j\rVert}$	h_j=f（a_j）
输出		向量（$\boldsymbol{V}_j$）	标量（h_j）

二、胶囊神经网络的结构

由 Hinton 等提出的胶囊神经网络模型又被称为向量胶囊神经网络。此胶囊神经网络结构较浅，由卷积层、PrimaryCaps（主胶囊）层、DigitCaps（数字胶囊）层构成，结构如图 5-12 所示。输入部分为 28×28 的 MNIST 手写数字图片，输出部分是一个 10 维向量。其中，卷积层操作结束后，主胶囊层将卷积层提取出来的特征图转化成向量胶囊，随后通过动态路由算法将主胶囊层和数字胶囊层连接起来并输出最终结果。第一层卷积层使用的卷积核大小为 9×9，深度为 256，步长为 1，并且使用 ReLU 激活函数。第二层主胶囊层采用 8 组大小为 9×9，深度为 32，步长为 2 的卷积核，对第一层卷积后得出的特征图进行 8 次卷积操作，得到 8 组 6×6×32 的特征图，随后将特征图展平，最终得到的向量神经元大小为 1 152×8，即 1 152 个胶囊，每个胶囊由一个 8 维向量组成。第三层全连接层输出 10 个 16 维向量的胶囊，由第二层主胶囊层经过卷积操作后得到的胶囊通过动态路由算法计算得出，图 5-12 中的 $\boldsymbol{W}_{ij}$ 为动态路由的转化矩阵。

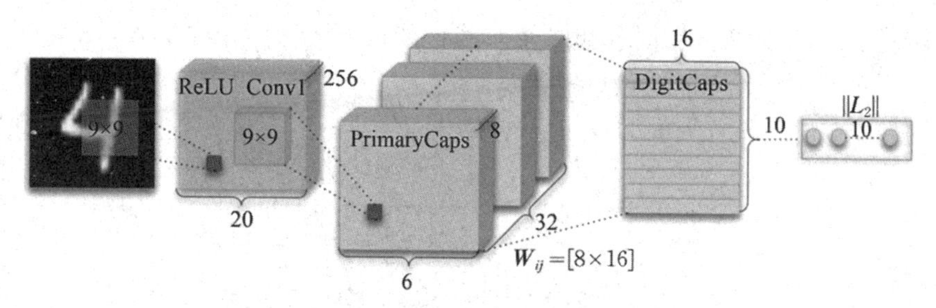

图 5-12 胶囊神经网络编码器结构图

胶囊神经网络允许多个分类同时存在，因此不能再使用传统交叉熵损失函数，而是采用了间隔损失的方式，间隔损失如式（5-42）所示。

$$L_k = T_k \max\left(0, m^+ - \|v_k\|\right)^2 + \lambda\left(1 - T_k\right)\max\left(0, \|v_k\| - m^-\right)^2 \qquad (5\text{-}42)$$

式中，L_k 为经过计算得到的间隔损失；T_k 为第 k 分类的存在值，若存在则取 1，否则取 0；$m+$、$m-$ 和 λ 分别取 0.9、0.1、0.5。

CapsNet 的解码器结构如图 5-13 所示，解码器用来重构图像，共有 3 个全连接层，接受 DigitCaps 层输出的 10 个 16 维向量，也就是 16 × 10 矩阵，重构出一幅和输入层大小（28 × 28）相同的图像。

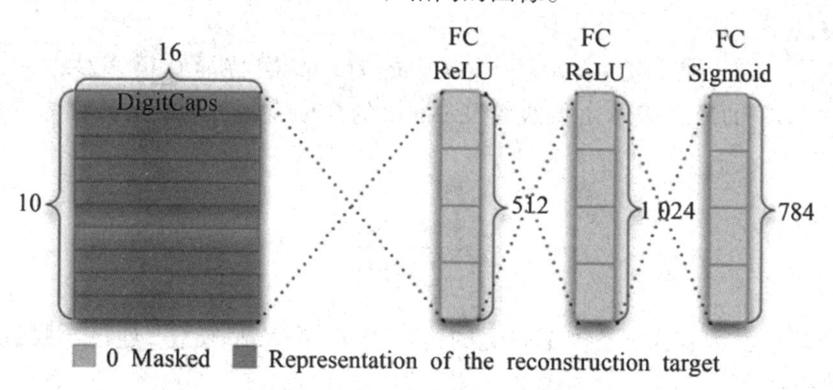

图 5-13 胶囊神经网络解码器结构图

三、动态路由算法

胶囊是一组神经元的集合，它的输出是一个多维向量，因此它可以用来表示实体的一些属性信息，其模长可以用来表示实体出现概率。模长值越大，表示该实体存在的可能性越大。若实体的特征位置发生变化，胶囊输出的向量对应的模长不会变化，只改变方向。

神经胶囊的工作原理如图 5-14 所示，可以简单概括为 4 个步骤，即矩阵转化、输入加权、加权求和以及非线性变换。①

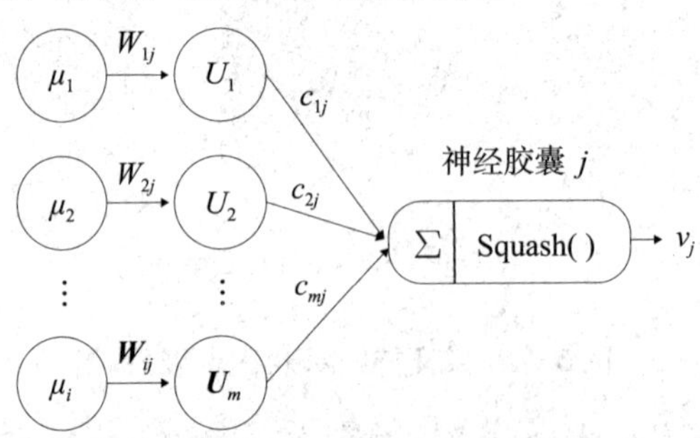

图 5-14　神经胶囊工作过程图

图 5-14 中 $\boldsymbol{\mu}_i$ 为输入向量，第一步即将此向量与矩阵 $\boldsymbol{W}_{ij}$ 相乘，得到向量 $\boldsymbol{U}_j$，做矩阵转化。$\boldsymbol{\mu}_i$ 为输入层图片的低层特征，如人脸的单个实体部分嘴、鼻子、眼睛等。$\boldsymbol{W}_{ij}$ 包含低层特征和高层特征的空间关系以及其他重要关系，通过矩阵转化操作得到向量 $\boldsymbol{U}_m$，即高级特征。

$$\hat{\boldsymbol{\mu}}_{j/i}=\boldsymbol{W}_{ij}\boldsymbol{\mu}_i \tag{5-43}$$

式中，$\hat{\boldsymbol{\mu}}_{j/i}$表示由低层特征 i 推出的高层特征 j；$\boldsymbol{W}_{ij}$ 表示转化矩阵；$\boldsymbol{\mu}_i$ 表示输入向量。

第一步，使用$\hat{\boldsymbol{\mu}}_{j/i}$表示图 5-14 中的 $\boldsymbol{U}_j$，高层特征有很多种，故向量 $\boldsymbol{U}_j$ 采用$\hat{\boldsymbol{\mu}}_{j/i}$的形式表示由低级特征 i 推出的高层特征 j，$\hat{\boldsymbol{\mu}}_{j/i}$又被称为“预测胶囊”。

$$c_{ij}=\frac{\exp\left(b_{ij}\right)}{\sum_k \exp\left(b_{ik}\right)} \tag{5-44}$$

式中，c_{ij} 表示胶囊 i 连接至胶囊的连接概率；b_{ij} 表示胶囊 i 连接至胶囊 j 的先验概率。

c_{ij} 是由 softmax 函数计算获得的，softmax 函数的结果是非负数，且每个独立的 c_{ij} 相加总和为 1，因此 c 表示概率，softmax 函数计算方法如式（5-44）所示。

第二步对$\hat{\boldsymbol{\mu}}_{j/i}$进行输入加权，第三步进行加权求和，即将$\hat{\boldsymbol{\mu}}_{j/i}$乘上耦合系数 c_{ij}，再进行求和，得到 s_j。其中，耦合系数 c_{ij} 通过动态路由方式更新，它

① 朱应钊，胡颖茂，李嫚．胶囊网络技术及发展趋势研究 [J]．广东通信技术，2018，38（10）：51–54，74.

决定了某一个低层胶囊被送往哪个高级胶囊。

$$\boldsymbol{s}_j=\sum_i c_{ij}\hat{\boldsymbol{u}}_{jli} \tag{5-45}$$

式中，$\boldsymbol{s}_j$ 表示 l 层胶囊的总输入。

第四步对 $\boldsymbol{s}_j$ 进行非线性变换得到 $\boldsymbol{v}_j$，采用如式（5-46）所示的激活函数，其中公式中第一部分的作用是压缩。如果 $\boldsymbol{s}_j$ 很长，第一项约等于 1，反之如果 $\boldsymbol{s}_j$ 很短，第一项约等于 0。第二部分的作用是将向量 $\boldsymbol{s}_j$ 单位化，因此第二项的长度为 1。此步骤的主要功能就是控制 $\boldsymbol{v}_j$ 的长度不超过 1，同时保持 $\boldsymbol{v}_j$ 和 $\boldsymbol{s}_j$ 同方向。经过此步骤，输出向量 $\boldsymbol{v}_j$ 的长度在 0 ～ 1，因此可通过 $\boldsymbol{v}_j$ 的长度确定具有某个特征的概率。

$$\boldsymbol{v}_j=\frac{\left\|\boldsymbol{s}_j\right\|^2}{1+\left\|\boldsymbol{s}_j\right\|^2}\frac{\boldsymbol{s}_j}{\left\|\boldsymbol{s}_j\right\|} \tag{5-46}$$

式中，$\boldsymbol{v}_j$ 表示 l+1 层的胶囊输出。

在动态路由第一次迭代过程中，因为 b_{ij} 都被初始化为 0，耦合系数 c_{ij} 此时都相等，所以 l 层的胶囊 i 被传递给 l+1 层中的高级胶囊 j 的概率是平等的。经过这四个工作步骤，最终以 $b_{ij}+\hat{\boldsymbol{\mu}}_{j/i}\cdot\boldsymbol{v}_j$ 的结果更新 b_{ij}，经过 r 次迭代后，输出 $\boldsymbol{v}_j$。

动态路由算法伪代码如下。

Procedure ROUTING($\hat{u}_{j/i}$,r,l)

For all capsule i in layer l and capsule j in layer(l+1):$b_{ij}\leftarrow 0$.

For r iterations do

For all capsule i in layer l:$c_i\leftarrow$ softmax(b_i)

For all capsule j in layer(l+1):$s_j\leftarrow\ \sum c_{ij}\hat{u}_{j/i}$ for all capsule j in layer(l+1): $v_j\leftarrow$ squash(s_j)

For all capsule i in layer l and capsule j in layer（l+1）:$b_{ij}\leftarrow b_{ij}+\hat{u}_{j/i}\cdot v_j$

Return v_j

动态路由算法作为胶囊神经网络的核心，对整个胶囊神经网络的应用起到了决定性的作用。胶囊神经网络所使用的这种非模板化的算法使模型在对图像、文字等目标进行识别时，可以对目标姿态、形状、位置等关键信息进行学习，尽可能多地学习到目标的特征，同时保留重要特征，不轻易丢弃任何一个有用特征。因此，动态路由算法超越 CNN 的固有卷积模式，胶囊神经网络成为当前人工智能领域最先进的技术之一。

四、胶囊神经网络的优化

为了提高胶囊神经网络的效率和泛化能力，Zou 等提出了一种新的胶囊神经网络激活函数 exping，同时在损失函数中加入了最小重量损失 Wloss。实验采用 MNIST 数据集对原始压缩激活函数、exping 激活函数和 exping 加 Wloss 进行测试，测试中使用相同的参数。表 5-7 展示了不同方法对手写数字集 MNIST 的识别精度，原始压缩激活函数的精度为 99.71%，exping 激活函数的精度为 99.72%，exping 加 Wloss 的精度为 99.75%。此研究表明，经过改进的胶囊神经网络提高了网络收敛速度，提高了网络泛化能力，提高了网络效率，因此具有很大的使用价值。

表 5-7　不同方法对 MINST 测试集的识别精度

方　法	原始压缩激活函数	exping 激活函数	exping+Wloss
精　度	68%	73%	76.5%

除了改变激活函数和损失函数的方式外，还可以通过改变胶囊层的架构来提升网络的精度。Xiong 等通过引入卷积胶囊层（conv-caps-layer），借助现有 CNN 深层架构可以提取高维特征的思想，大大提高了网络的性能，同时提出了一种新的池操作——胶囊池（caps pool），用来减少参数的数量。实验使用 CIFAR-10 数据集测试，见表 5-8 所列，此研究提出的 DeeperCaps 模型训练精度达到 96.88%，测试精度达到 81.29%。在 MNIST 数据集上测试，DeeperCaps 模型测试精度达到 99.84%。通过添加胶囊池，训练精度和测试精度只降低了 1%，但能显著减少 50% 的参数数量，大幅节省训练资源。此研究提出的 DeeperCaps 模型在数据集 CIFAR-10 上得到了迄今为止最强的 CapsNet 结果，Caps 池在保持性能的同时减少了层间一半参数，将 CapsNet 推向了最先进的 CNN 架构。

表 5-8　DeeperCaps 与 Caps Pool 的精度对比

网　络	训练精度	测试精度
DeeperCaps	96.88%	81.29%
Caps Pool	95.14%	80.09%

为了探究影响胶囊神经网络识别效率的因素，郭宏远等采用了三种优化

措施：使用衰变学习率代替恒定学习率、使用Google提出的Swish激活函数代替ReLU激活函数[①]以及使用较低的批尺寸。衰变学习率相较于恒定学习率，其后期收敛效果更好。Swish激活函数是Google提出的一种新型激活函数，其虽与ReLU函数类似，但最终性能更加突出。更小的批尺寸有利于卷积层对局部特征的捕捉。衰变学习率设置为0.9，批尺寸采用32替代常规的128。实验使用Fashion-MNIST与MNIST两个数据集进行对比。优化前，CapsNet在MNIST上测试的错误率为0.36%，而优化后的错误率为0.30%。优化前，CapsNet在Fashion-MNIST上的错误率为9.40%，优化后的错误率为8.56%。实验结果证明，更小的批尺寸对胶囊神经网络中的胶囊层具有增强局部特征捕捉能力的效果。

五、胶囊神经网络在小规模数据集中的应用

以深度学习为代表的人工智能技术正在蓬勃发展，并已应用于很多领域。然而，深度学习也有一些局限性：它更适合于大量的数据，与小规模的数据集没有特别的相关性。由此引出一个问题即深度学习是否适用于小数据训练。有学者提出，当数据相对较少时，深度学习的表现并不优于其他传统方法；相反，有时效果甚至比传统方法差。在某种程度上，这种说法是正确的，因为深度学习需要从数据中自动学习特征，通常只有在大量训练数据的情况下才能实现，尤其对于一些输入样本是高维的情况。

神经网络使用数据扩充技术可以起到提升其准确率，Zhang等以Kaggle中的2 000张“猫vs狗”比赛的图片作为训练数据集，同时额外选取400张进行测试，根据数据集的特点，对数据集采用了几种预处理技术，包括最大最小范数、调整大小和数据扩充等。使用数据扩充技术后，模型不会发现任何两幅完全相同的图像，这将有助于抑制过度拟合，使模型更具普遍性。之后采用CNN和CapsNet对使用了数据扩充技术和未使用数据扩充技术的两种情况分别测试，测试结果见表5-9所列。不使用数据扩充技术时，CNN的精度为68%，CapsNet为73%，使用了数据扩充技术后，CNN的精度为76.5%，CapsNet为81.5%。实验结果表明，CapsNet在小规模数据集上的性能优于传统的CNN。这表明在数据量相对较小的情况下CapsNet与CNN相比具有更好的泛化能力，能较好地抵抗过拟合。

---

① 郭宏远，田丰收，周宇婧，等. CapsNet神经网络与部分优化措施[J]. 中国高新区，2019（2）：34.

表 5-9　分类精度比较

方　法	不使用数据扩充技术的 CNN	不使用数据扩充技术的 CapsNet	使用数据扩充技术的 CNN	使用数据扩充技术的 CapsNet
精　度	68%	73%	76.5%	81.5%

六、胶囊神经网络在不同仿射变换的应用

胶囊神经网络在识别空间位置信息上具有优势，付家慧等从可视化角度研究了胶囊神经网络在平移、旋转等仿射变换中的特征。[①] 实验结果的准确性通过三种仿射变换的损失值来表示。最终发现经过 600 次，Epoch 也没有真正达到收敛，但每个 Batch 中的 100 张图片的总损失函数值能降低至 10 以下，最后得到的生成图像非常接近目标图像。与卷积神经网络不同的地方在于，胶囊神经网络在搭建模型时就考虑到位置信息，最终生成结果得到的模块特征输出是从初始位置信息转化而成的。因此，胶囊神经网络对实体姿态、位置和方向等信息的处理明显优于卷积神经网络。

七、胶囊神经网络性能的提升

（一）提高识别速度

现代深度学习模型的识别速度在很大程度上影响着模型的整体性能，在胶囊神经网络的动态路由算法中，目标特征的每个位置都能被准确地以向量形式封装在胶囊里。因此，动态路由算法内部的迭代耗时长，迭代次数多，大幅降低了识别效率。胶囊神经网络不仅可以采用向量形式表示，还可以采用矩阵表示。矩阵可减少大量的参数，同时减少计算量，提高计算速度。此表示方式在以后的研究中可作为一个重点突破的方向，其对胶囊神经网络提高识别速度具有重大意义。同时，GPU 集群技术的应用越来越普遍，其虽然在一定程度上提升了计算能力，但仍然不足以满足胶囊神经网络需要的强大的计算能力。因此，未来的研究可以从降低网络参数、提升 GPU 计算能力、提升动态路由算法效率等方面提升胶囊神经网络的识别速度。

① 付家慧，吴晓富，张索非 . 基于仿射变换的胶囊网络特征研究 [J]. 信号处理，2018，34（12）：1508–1516.

（二）优化网络结构

胶囊神经网络在识别 MNIST 手写数据集方面表现得极其优异，精度趋近于 100%。由于手写数字为 28×28 的灰度图像，规模较小，内容较简单，特征较明显，因此胶囊神经网络在小规模的图像处理中可以获得最好的性能，但是在大规模的图像处理过程中，性能仍然有待提高。

（三）优化压缩函数

压缩函数在胶囊神经网络结构中发挥着非常重要的作用，不同的压缩方案效果不同。在胶囊神经网络原始的压缩函数中，参数中常数值的改变对损失值、精度能造成很大的影响。因此，未来在提升胶囊神经网络性能时，研究者可探索其他不同的压缩函数，试验每种压缩函数的效果，寻求一个能提升现有性能的压缩函数，同时搭配合适的网络结构以及优化过的路由算法。探究更加合适的压缩函数将会提升胶神经网络的性能，同时对胶囊神经网络的发展也具有重大意义，如何界定一个合适的压缩方案将成为一个很重要的研究内容，将作为日后胶囊神经网络的研究重点。

第四节　生成对抗网络

一、生成对抗网络简介

生成对抗网络（generative adversarial network，GAN）是 2014 年 6 月由 lan Goodfellow 等学者提出的一种生成模型，其核心思想是训练学习数据的概率分布，然后根据概率分布生成新的数据，从而实现数据的扩张。它由两个网络模块组成：一个是生成模型，一个是判别模型。生成模型用于生成新的数据，判别模型用于判定其输入的样本是真实样本还是生成的数据，两者在训练的过程中不断进行“对抗”，从而使生成模型生成与真实样本相似的数据。

二、网络模型的数学描述

下面给出生成对抗网络的数学描述。首先，介绍一下在下面的描述中将要使用的数学符号，随机噪声表示为 $z\in\mathbf{R}^m$，自然数据表示为 $x\in\mathbf{R}^n$，生成数据表示为$\tilde{x}\in\mathbf{R}^n$，判别模型为鉴定真伪的二分类器，所以判别模型的输

出 $y \in [0,1]^2$。接下来将从以下四个方面对生成对抗网络的数学模型进行详细的阐述。

（一）数据

$$\left\{\left(x^{(t)},z^{(t)}\right),y^{(t)}\right\}_{t=1}^{T} \tag{5-47}$$

该式表示的是生成对抗网络中的第 t 个输入自然数据、随机噪声数据对（$x^{(t)}$，$z^{(t)}$）及其在判别模型上对应的输出 $y^{(t)}$。在 TensorFlow 深度学习平台中，$y^{(t)}$ 的取值为 [0，1]，表示将自然数据判断为真的概率为 1，将生成数据判断为真的概率为 0。在实际的应用中，随机噪声的数量和自然数据的数量并不一定相同。

（二）模型

生成模型和判别模型的数学表示如下：

$$\begin{cases} G:\ \tilde{x}=g\left(z,\theta^{G}\right)\in\mathbf{R}^{n} \\ D:\begin{cases} \text{特征学习（Feature Learning）}:\begin{cases} X=D^{F}\left(x,\theta^{F}\right) \\ \bar{X}=D^{F}\left(\tilde{x},\theta^{F}\right) \end{cases} \\ \text{分类器设计（Classifier Design）}:\ y=\begin{pmatrix} P\left(L(x)=\text{real}\middle|X,\theta^{C}\right) \\ P\left(L(\tilde{x})=\text{real}\middle|\tilde{X},\theta^{C}\right) \end{pmatrix}\in\mathbf{R}^{2} \end{cases} \end{cases} \tag{5-48}$$

其中，G 即 Generator，表示生成模型，也被称为生成器。生成模型采用随机噪声 z（一般服从高斯分布或均匀分布）作为输入，通过生成模型神经网络得到一个生成数据$\tilde{x}$（伪样本），其中的 θ^G 为训练参数，g（ ）函数为非线性映射函数。D 即 Discriminator，表示判别模型。从式（5-48）可以看出，判别器分为两个阶段：第一阶段为特征学习，该阶段的输入为自然数据 x 以及生成数据$\tilde{x}$，为二分类过程，即鉴定输入是自然数据还是生成器生成的数据，θ^F 为训练参数，D^F（ ）为量化映射的过程；第二阶段为分类器设计，其中 θ^C 为训练参数，L（x）为输入 x 所对应的真伪性，P（ ）为量化映射过程。

（三）优化目标函数

通常情况下，可将式（5-48）中的判别模型部分用如下的数学表达式表示。

$$y=\begin{pmatrix}D(x)\\D(\tilde{x})\end{pmatrix}=\begin{pmatrix}D(x)\\D(G(z))\end{pmatrix}\in\mathbf{R}^2 \tag{5-49}$$

其中，$D(x)\in[0,1]$ 表示将 x 判别为自然数据的概率。在生成模型确定的条件下，判别模型的损失函数可表示为

$$\begin{cases}\min_D\left\{-\left[\sum_{x\sim P(x)}\lg\left(D\left(x,\theta^D\right)\right)+\sum_{\tilde{x}\sim P(x)}\lg\left(1-D\left(\tilde{x},\theta^D\right)\right)\right]\right\}\\ \theta^D=\left(\theta^F,\theta^C\right)\end{cases} \tag{5-50}$$

式中，$x\sim P(x)$ 为服从自然数据分布 $P(x)$ 下的采样，即式（5-47）中的自然数据集；$\tilde{x}\sim\tilde{P}(\tilde{x})$ 为服从生成分布 $P(\tilde{x})$ 下的采样，即式（5-47）中的生成数据集。式（5-50）中 $-\lg(D(x))$ 的物理解释为将 x 判断为自然数据的不确定性的值，该值越小表示确定性越高，判别的效果越好，其最佳状态为0，即 $D(x)=1$。另外，$\lg(1-D(\tilde{x}))$ 的物理解释为将 x 判断为生成数据的不确定性的值，该值越大，表示将 x 判断为生成数据的概率越大，该值越大越好，即 $1-D(\tilde{x})$ 的值越大越好。因此，$D(\tilde{x})$ 的值越小越好，即将$\tilde{x}$判断为真的概率越小越好。将所有采样样本的不确定性（也称信息量）进行求和，便得到熵的概念。简言之，判别模型的设计要求为将自然数据判断为真的概率要高，将生成数据判断为伪的概率要高。

对生成模型的要求是在判别模型确定的条件下，生成数据的分布特性应尽最大可能与自然数据的分布特性一致，从而能在“对抗”学习中不断优化，即在 $P(x)$ 尽可能与$P(\tilde{x})$一致的情形下，最大化如下目标函数：

$$\max_{\boldsymbol{\sigma}^G}\sum_{\tilde{x}\sim P(\tilde{x})}\lg\left[D(\tilde{x})\right]=\sum_{\tilde{x}\sim P(x)}\lg\left[D(\tilde{x})\right] \tag{5-51}$$

将 $x=G(z)$ 带入式（5-51），有以下公式成立：

$$\max_{\sigma^G}\sum_{z\sim P(z)}\lg\left\{D\left[G\left(z,\theta^G\right)\right]\right\}\xrightarrow{\text{衡量}}\left[P(\tilde{x}),P(x)\right] \tag{5-52}$$

在随机噪声 $z\sim P(z)$ 的条件下，所有关于 z 的 $\lg\{D[G(z)]\}\sim P(x)$ 的和越大，意味着

$$\left\{D\left[G(z)\right]\sim P(\tilde{x})\right\}\longrightarrow d\left[G(z),x\right]\longrightarrow\left\{D\left[G(z)\right]\sim P(x)\right\} \tag{5-53}$$

生成数据与自然数据之间的差距 $d[G(z),x]$ 越小，即越接近理想的状态。关于所有的 z，若都有 $\lg\{D[G(z)]\}=0$，则意味着 $D[G(z)]=1$，即将生成数据判别为自然数据（注意，这是在生成模型阶段的要求），$D[G(z)]$ 服

从于自然数据的分布概型 $P(x)$，最终达到这两个分布概型 $d[P(x),P(\tilde{x})]$ 尽可能接近。

最后，依据式（5–47）中的数据，结合式（5–50）的损失函数，得到基于判别模型的优化目标函数：

$$\min_{\theta^D} J(\theta^D)=\left\{-\frac{1}{T}\left[\begin{array}{l}\sum_{i=1}^{T}\delta\left(y^{(t)}(1)=\text{ real }\right)\cdot\lg\left(D\left(x^{(t)}\right)\right)+\\ \sum_{t=1}^{T}\delta\left(y^{(t)}(2)=\text{ fake }\right)\lg\left(1-D\left(\tilde{x}^{(t)}\right)\right)\end{array}\right]\right\} \tag{5-54}$$

通常情况下，自然数据与生成数据分别对应着真伪类标，所以式中蕴含：

$$\begin{cases}\delta\left(y^{(t)}(1)=\text{ real }\right)=1\\ \delta\left(y^{(t)}(2)=\text{ fake }\right)=1\end{cases} \tag{5-55}$$

其中，$\delta(\cdot)$ 为狄利克雷函数。

在优化目标公式（5–54）的基础上，融入生成模型的要求，得到最后优化目标函数：

$$\min_{\theta^D}\min_{\theta^G}\left(\theta^D,\theta^G\right)=\left\{-\frac{1}{T}\left[\begin{array}{l}\sum_{i=1}^{T}\lg\left(D\left(x^{(t)},\theta^D\right)\right)+\\ \sum_{t=1}^{T}\lg\left(1-D\left(G\left(z^{(t)},\theta^G\right),\theta^D\right)\right)\end{array}\right]\right\} \tag{5-56}$$

其中，$D(z(0^{(t)},\theta^G))$ 满足如下公式：

$$\max_{\theta^G}\sum_{z\sim P(z)}\lg\left(D\left(G\left(z,\theta^G\right)\right)\right)\Longleftrightarrow\min_{\theta^G}\sum_{t\sim P(t)}\lg\left(1-D\left(G\left(z,\theta^G\right)\right)\right) \tag{5-57}$$

（四）求解

生成对抗网络的求解方法和大多数神经网络的求解方法类似，利用梯度下降方法对（θ^G，θ^D）进行交替优化，在“对抗”的过程中使参数达到最优。

三、生成对抗网络改进

（一）深度卷积生成对抗网络（DCGAN）

与传统的深度神经网络采用端到端的模式、用反向传播算法进行参数更

新的方式不同，深度卷积生成对抗网络由两个类似对偶的网络组成，一个是生成模型，一个是判别模型，如图 5-15 所示。下面对 DCGAN 中的两个模型分别介绍。

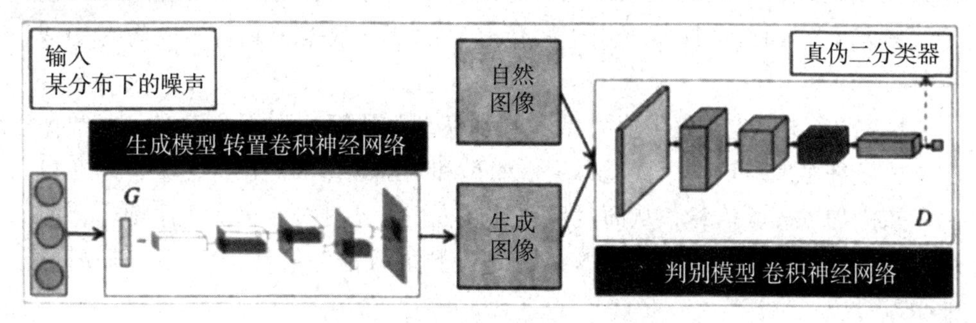

图 5-15　深度卷积生成对抗网络模型

由图 5-15 可知，深度卷积生成对抗网络中，生成模型采用的转置卷积神经网络首先从一个服从某分布的随机噪声中随机抽样，其次将该样本输入生成模型中，生成一个和自然图像大小相同的图像。转置卷积神经网络中的卷积操作采用的是转置卷积，和传统的卷积操作不同，其可以看作卷积的“反向”过程。转置卷积受到正向卷积参数步长 stride 和填充 padding 的约束。通常情况下，转置卷积最直接的表现就是卷积操作后图像增大。

判别模型是一个真伪二分类器，其输入为自然图像或生成模型生成的图像。判别模型用来鉴别输入是自然图像还是生成图像。由于其是二分类器，通常该网络使用传统的卷积神经网络实现，如 LeNet、GoogLeNet、VGG、ResNet 等经典的神经网络模型，其中的二分类可以用 softmax 分类器实现，也可以使用非线性分类器（双曲正切函数 tanh、Sigmoid 函数）等实现。判别模型中的池化操作全部采用有步长的卷积操作，其他操作基本不变；激活函数全部使用的是修正线性单元（ReLU）的改进版本 LeakyReLU。

（二）条件生成对抗网络（CGAN）

和其他生成网络不同，生成对抗网络（GAN）不需要一个假设的数据分布，而是直接从一个确定的分布中采样然后生成数据。理论上这种方式虽然能生成和自然图像相近的样本，但不需要预先建模，从而使生成的结果不可控，也会生成太多与其他无关的样本，导致模型收敛速度较慢，甚至有可能不收敛。CGAN 的出现正好可以改善这一状况，CGAN 通过向生成模型（G）和判别模型（D）引入条件变量 y，使数据的生成过程受到条件变量的控制，从而使训练朝着越来越好的方向进行。条件变量可以基于多种信息，如类别标签、用于图像修复的部分数据、来自不同模态的数据等。

GAN 通过交替优化生成模型和判别模型，从而达到零和博弈，即纳什均衡。条件生成对抗网络通过向生成模型和判别模型加入条件变量，即在目标函数中加入先验信息，从而使优化的过程变为条件二元极大极小博弈，即最小化其参数 θ^G 和 θ^D。向 GAN 的损失函数加入条件信息，得到 GAN 的目标函数：

$$\min_{\theta^D}\min_{\theta^G} J\left(\theta^D,\theta^G\right)=\left\{-\frac{1}{T}\left[\begin{array}{c}\sum_{i=1}^{T}\lg\left(D\left(x^{(i)}\mid y^{(i)},\theta^D\right)\right)+\\ \sum_{t=1}^{T}\lg\left(1-D\left(G\left(z^{(i)}\mid y^{(t)},\theta^G\right),\theta^D\right)\right)\end{array}\right]\right\} \tag{5-58}$$

（三）InfoGAN

通常情况下，网络学习到的特征是混杂在一起的，这些特征在数据空间中以一种复杂无序的方式被编码，很难被分析和理解，所以需要一种方法对特征进行分解，提高特征的可解释性，从而更容易对这些特征进行编码。在 GAN 中，生成模型的输入信号随机噪声 z 就是这样一种没有任何限制、高度复杂的信号，z 的任何一个维度和特征都没有明显的映射，所以我们很难清楚什么样的噪声信号 z 可以生成希望的输出值。

基于此，一种改进的生成对抗网络 InfoGAN 被提出。该网络向生成模型的输入随机噪声 z 中加入了一个隐含编码 c，得到了一个可解释的表达，其中的 Info 代表互信息，表示生成模型生成的数据 x 与隐含编码 c 之间的关联程度。为使生成数据 $\tilde{x}$ 与隐含编码 c 之间的关联更为密切，需要最大化互信息量，所以需要在 GAN 的损失函数中加入互信息。修改后的损失函数如下：

$$\min_{G}\max_{D}\left\{V_{\mathrm{GAN}}(G,D)-\lambda I(c;\tilde{x})\right\} \tag{5-59}$$

其中，互信息是先验分布熵与后验分布熵的差值。然而，在具体的计算中，后验分布的值很难求出，因此在具体的优化过程中，采用了变分分布的思想，通过变分分布 $Q(c|\tilde{x})$ 来逼近 $P(c|\tilde{x})$，通过对 G、D 优化来最大化 $L_1(G$,

Q），所以 InfoGAN 中损失函数的互信息正则项变为 L_1（G，Q），其损失函数为

$$\min_{G,Q}\max_{D}\left[V_{\mathrm{GAN}}(G,D)-\lambda L_1(G,Q)\right] \tag{5-60}$$

（四）生成对抗网络的应用

生成对抗网络及其变形在图像分类、分割、检测以及图像生成等方面均取得了突破性的成果。其在不同的应用场景下都有不同的调整，如在图像分类上先使用无标签的数据学习特征，然后使用有标签的数据精调，得到了较好的效果。与传统的机器学习及深度学习方法相似，GAN 在训练模型时假设训练数据和测试数据服从同样的分布，而在实际中这两者存在偏差，导致在训练数据上的预测准确率比测试数据上的高，出现了过拟合的问题，且训练过程基于无监督或者半监督的方式实现，从实现结果方面分析较差。所以，GAN 的出现及应用推动了深度学习的进一步发展，但也存在很多亟待解决的问题。

第六章　深度学习技术的应用

第一节　深度学习技术在自然语言处理中的应用

一、深度学习在自然语言处理领域的研究概况

神经网络和深度学习模型首先在计算机视觉等领域取得了进展，而在自然语言处理领域，其得到大量应用的时间相对较晚。从21世纪初开始，一些关于神经网络和深度学习应用于自然语言处理领域的文章被陆续发表。

Bengioe等提出了利用递归神经网络建立语言模型。该模型利用递归神经网络为每个词学习一个分布式表示的同时，也为词序列进行了建模。该模型在实验中取得了比同时期最优的N元语法模型更好的结果，且可以利用更多的上下文信息。

Bordes等提出了一种利用神经网络和知识库学习结构化信息嵌入的方法，该方法在WordNet和Freebase上的实验结果表明其可以对结构化信息进行嵌入表示。

Mikolov等提出了连续词袋模型。该模型使用句子中某个词周围的词来预测该词。他们同时提出了Skip-Gram模型，该模型可以利用句子中某个位置的词预测其周围的词。基于这两个模型，Mikolov等开发了工具Word-2vec，用来训练词向量。目前该工具已经得到了广泛应用。

Kim将卷积神经网络引入自然语言处理的句子分类任务。该工作利用一个具有两个通道的卷积神经网络对句子进行特征提取，最后对提取的特征进行分类。实验结果表明，卷积神经网络在对自然语言进行特征提取方面具有显著的效果。

基于长短时记忆神经网络，Sutskever等提出了序列到序列模型。序列到序列模型被应用于机器翻译任务。该模型使用了两个长短时记忆神经网络，它们分别作为编码器和解码器。在编码器部分，该网络在每个时刻读取一个

源语言词汇，直到读取一个结束符，即得到了该序列的一个表示。将源语言序列编码完成后，使用源语言序列的编码表示初始化解码器。使用递归神经网络的预测模型即可解码出对应的目标语言序列。

Tai 等提出了树状长短时记忆神经网络。由于传统的递归神经网络通常用于处理线性序列，而对于自然语言这种有着内在结构的数据类型，这种线性的模型可能存在一些信息丢失的问题。因此，该模型将长短时记忆神经网络用于分析树中，并在情感分类方面取得了良好的效果。

二、基于转移的依存句法分析

（一）依存句法分析概念

Hays 和 Gaifman 最早使用了依存语法进行句法分析工作。与上下文无关文法类似，他们都使用严格定义的形式化描述来定义依存语法。目前，数据驱动的统计机器学习依存分析方法主要可以分为三种，分别为生成式依存分析方法、判别式依存分析方法和确定性依存分析方法。其中，判别式依存分析方法和生成式依存分析方法是按照传统的机器学习模型分类方式划分的，确定性依存分析方法与前两者的区别在于决策方式和最优依存树的分解。①

与句法结构分析不同，依存句法理论主要着眼于词汇之间的依存关系，而非完整的分析树关系。依存句法理论的基本思想就是将语法结构表达为非对称的二元关系，且这种关系只能发生在句子中的词之间。在近年来的依存句法分析研究中，数据驱动的模型成为绝对的主流，这主要得益于相关人工标注的语料库的发表，如 Eisner、Nivre 等的一些工作。这些工作都是基于大规模的语料库进行的，其利用机器学习方法，构建了一个依存句法分析器。

在依存句法中，句子的语法结构采用依存图进行建模，即使用带有标签的弧对每个词和它的语法依赖进行表示。例如，在宾州树库（Penn Treebank）中有这样一个例句“Economics news had little effect on financial markets.”。该句的短语结构树如图 6-1 所示，其对应的依存树如图 6-2 所示。

① 宗成庆 . 统计自然语言处理 [M]. 北京：清华大学出版社，2008.

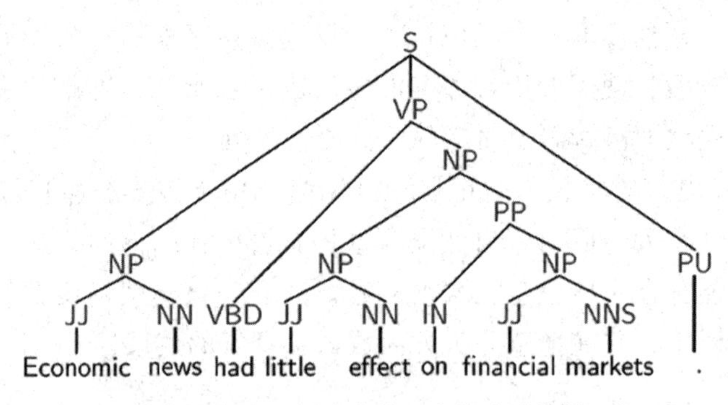

图 6-1　宾州树库中的一个句法结构树

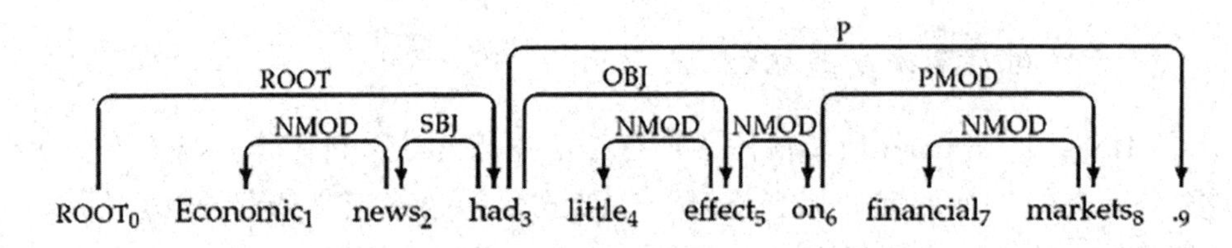

图 6-2　宾州树库中的一个依存树

需要注意的是，在图 6-2 中可以看到，除了句子中原本的 9 个词之外，还有一个人工添加的占位节点——“根节点（root）”。

下面给出依存语法的形式化的定义。

定义 1：给定一个依存标签的集合 $L=\{l_1, l_2, \cdots, l_{|L|}\}$，一个句子 $x=(\omega_0, \omega_1, \cdots, \omega_n)$ 的依存图是一个带关系的有向图，其中，

（1）$V=\{0, 1, \cdots, n\}$ 是顶点集；

（2）$A \subseteq V \times L \times V$ 是带标签的有向边集。

顶点集 V 是包含从 0 到 n 的整数集合，每个整数对应句子中的一个单词（包含根节点）。边（弧）集是一个三元组构成的集合，其中的每个元素为形如 (i, l, j) 的三元组，i 和 j 是点，l 是依存关系，我们称 i 为核心词，l 为 j 的依存类型（关系），j 为 i 的修饰词。

定义 2：一个依存图 $G=(V, A)$ 是合式的，当且仅当：

（1）节点 0 是根，亦即不存在满足 $(i,l,0) \in A$ 的节点 i 和依存关系 l；

（2）每个节点至多有一个核心词和依存类型，亦即若 $(i, l, j) \in A$，则不存在满足下列条件的节点 i' 和依存关系 l'：$(i, l'', i) \in A$ 且 $i \neq i'$ 或 $l \neq l'$；

（3）图 G 是无环的，即不存在 A 的非空子集满足以下条件：$\{(i_0, l_1, i_1), (i_1, l_2, i_2), \cdots, (i_{k-1}, l_k, i_k)\} \subseteq A$，其中 $i_0=i_k$。

定义 3：一个依存图 $G=(V,A)$ 是可投影的，当且仅当：对任意弧 $(i,l,j)\in A$ 和顶点 $k\in V$，如果满足 $i<k<j$ 或 $j<k<i$，则存在子集 $\{(i,l_1,i_1)$，(i_1,l_2,i_2)，…，$(i_{k-1},l_k,i_k)\}$ 使 $i_k=k$。

在可投影的依存图中，每个节点都有一个连续的投影，即节点 i 的投影是由节点 i 出发由自反和传递的依存弧形成的闭包。这与短语结构树的特点是相对应的，我们将这种特点称为可投影性。

（二）基于转移的依存句法分析方法

按分析算法分类，依存句法分析有两种主流的方法：一种是基于图的方法，其代表性方法 Eisner 提出的三个概率模型；另一种是基于转移的依存句法分析方法，其代表性方法为 Yamada、Matsumoto（2003）和 Nivre（2003）提出的基于栈的方法以及 Covington（2001）提出的基于表的方法。本节重点介绍基于转移的依存句法分析方法。

1. 基本概念

定义 1：一个句法分析的转移系统为一个四元组 $S=(C, T, C_a, C_t)$，其中，

（1）C 是一个状态集合，其中的元素包含一个缓存 β 和一个依存弧的集合 A；

（2）T 是一个转移动作集合，每个元素均是一个函数 $t: C\rightarrow C$；

（3）C_a 是一个初始化函数，将句子 $x=(\omega_0, \omega_1, \cdots, \omega_n)$ 映射到一个状态 $\beta=[1, \cdots, n]$；

（4）$C_t\subseteq C$ 是一个终结状态集合。

一个分析状态包含至少一个缓存 β 和一个依存弧的集合 A，其中缓存 β 初始化包含与句子 $x=(\omega_0, \omega_1, \cdots, \omega_n)$ 对应的 $[1, \cdots, n]$ 节点。

定义 2：令 $S=(C, T, C_a, C_t)$ 为一个转移系统。一个句子 $x=(\omega_0, \omega_1, \cdots, \omega_n)$ 在 S 定义下的转移序列是一个状态的序列 C_0，$m=(C_0, C_1, \cdots, C_m)$，并满足

（1）$C_0=C_a(x)$；

（2）$C_m\in C_t$；

（3）对任意的 i（$1\leqslant i\leqslant m$），存在 $t\in T$ 使 $C_i=t(C_r-1)$。

定义 3：对句子 $x=(\omega_0, \omega_1, \cdots, \omega_n)$ 而言，基于栈的状态表示为一个三元组 $c=(\sigma, \beta, A)$，其中，

（1）σ 是一个词的栈，其中词 i 满足 $i \leqslant k$（对于某个 $k \leqslant n$）；

（2）β 是一个词的缓存，其中词 j 满足 $j > k$；

（3）A 是一个依存弧的集合，且 $G=(\{0, 1, \cdots, n\}, A)$ 是句子 x 的一个依存图。

定义 4：一个基于栈的转移系统是一个四元组 $S=(C, T, C_a, C_t)$，其中，

（1）C 是所有基于栈的状态集合；

（2）$C_a(x=(\omega_0, \omega_1, \cdots, \omega_n))=([0], [1, \cdots, n], \varphi)$；

（3）T 是一个转移动作集合，每个动作为一个函数 $t: C \to C$；

（4）$C_t=\{c \in C \mid c=(\sigma, \beta, A)\}$。

2. 分析算法

基于栈的依存句法分析算法大体分为两种：arc-standard 算法和 arc-eager 算法。本节采用的均为 arc-standard 算法，故仅介绍 arc-standard 算法。

arc-standard 算法作为一种基于转移的依存句法分析算法，包含三个分析动作，分别为左弧（左归约，left-arc），右弧（右归约，right-arc）和移进（shift）。其中，左弧和右弧又可以与不同的依存关系进行组合成为多种动作，移进仅有一种。表 6-1 列出了每种动作的执行情况，表 6-2 列出了每种动作可以执行的先决条件。

表 6-1　基于栈的依存句法分析动作

动　作	分析动作
左弧	$(\sigma \mid i, j \mid \beta, A) \to (\sigma, j \mid \beta, A \cup \{j, l, i)\})$
右弧	$(\sigma \mid i, j \mid \beta, A) \to (\sigma, i \mid \beta, A \cup \{i, l, j)\})$
移进	$(\sigma, i \mid \beta, A) \to (\sigma \mid i, \beta, A)$

其中，$\sigma|i$ 表示栈顶为 i 的栈，$j|\beta$ 表示队首为 j 的缓存。

表 6-2　基于栈的依存句法分析动作可执行的先决条件

动　作	先决条件
左弧	$\neg[i=0,], \neg\exists k \exists l'[(k, l', j) \in A]$
右弧	$\neg\exists k \exists l'[(k, l', j) \in A]$

表 6-1 所列出的 arc-standard 转移动作在进行归约时的目标分别在栈 σ 和 β 中，这种方式可以被简化。在实际使用中大多用的也是简化后的动作，简化后的 arc-standard 转移动作见表 6-3 所列。两者的区别在于原始算法的归约动作发生在栈顶与队首之间，简化版的归约动作仅发生在栈顶两个元素之间，两种算法是等效的。

表 6-3　基于栈的依存句法分析动作（简化版）

动　作	分析动作
左弧	$(\sigma\|ij, \beta, A) \to (\sigma, \beta, A \cup \{j, l, i\})$
右弧	$(\sigma\|ij, \beta, A) \to (\sigma, \beta, A \cup \{i, l, j\})$
移进	$(\sigma, i\|\beta, A) \to (\sigma\|i, \beta, A)$

三、基于前馈神经网络的依存句法分析模型

（一）模型介绍

Nivre 的确定性分析方法是基于转移的依存句法分析方法中的一种代表性方法。上文对基于转移的依存句法分析算法的介绍表明了这种基于动作的分析方法是一种从局部提取特征并进行分类的方法。提取特征的数据来源即每一步的分析状态，即利用表达当前分析状态的格局进行依存句法分析。

基于转移的分析过程的格局可以用一个三元组表示：(S, I, A)。其中，S 是堆栈，I 是未处理的结点序列，A 是依存弧集合。用于分析动作决策的特征向量即取自这样的三元组。如何从这样一个三元组中提取丰富的特征则是依存句法分析器性能的关键。在分析格局的三元组 (S, I, A) 中，包含的信息大致有以下几种。

（1）词信息。在堆栈 S 和缓存 I 中都包含着已处理或未处理的词，这些词本身即可以作为一种特征。在词嵌入出现之前，词特征往往采用稀疏表示，而在词嵌入方法提出之后，词特征往往都会使用稠密表示。

（2）词性信息。与词信息相对应，每个词都有其词性。

（3）依存弧信息。该部分信息来自已经处理的依存关系。

这几种特征不仅可以单独使用，还可以进行组合成为二阶特征，且研究表明不同特征之间的组合特征十分有效。在传统的基于特征工程的依存句法

分析器中，不同类特征之间的互相组合十分重要，其中基本特征有词特征、词性特征和依存弧特征。除了这些基本的特征之外，该文章还提出了几种高级特征。

（1）距离特征。这里的距离特征指一个核心词与其修饰词之间的距离。这种特征在基于图模型的依存句法分析方法中已经有过应用。

（2）价特征。此处的价特征指的是一个核心词所能修饰的词的个数。

（3）一元文法特征。该特征不仅指词，还可以指某个词的核心词。

（4）三阶特征。以往高阶特征往往用于基于图模型的分析器中，在该文章中三阶特征被作为基于转移的依存句法分析器的特征。

（5）弧集特征。该特征指某个核心词的修饰词所具有弧的类型所组成的集合。

这种基于特征的方法主要利用特征工程构建一个针对分析动作的分类器，该分类器用于从分析格局（S，I，A）中抽取特征，进而利用该特征预测下一步的分析动作。这类方法虽然取得了非常好的效果，但显而易见，其非常依赖专家手工选取的特征，且特征之间的组合是否有效不能确定。

神经网络的一个特点就是能学习非线性函数并可以学习不同特征之间的组合，由此本节使用一种基于神经网络模型的依存句法分析模型。该模型利用神经网络提取分析过程中格局的特征，并训练分类器。具体来说，模型由输入层、嵌入层、隐含层和 softmax 层组成。

输入层的作用是从分析格局（S，I，A）中抽取元特征，这些元特征包括词特征、词性特征和依存弧特征。

嵌入层由三个独立的子嵌入层组成，分别为词嵌入层、词性嵌入层和依存弧嵌入层，对应输入中的词特征、词性特征和依存弧特征。这些嵌入层的作用是将输入层抽取的离散稀疏特征转换成稠密特征。

隐含层从嵌入层获得三种稠密特征输入，并对其做非线性变换。

与其他 softmax 层的作用相同，softmax 层用于预测多分类的结果。

该模型将作为本节的特征提取器，网络的整体结构如图 6-3 所示。该模型的实质为一个基于前馈神经网络的分析动作分类器。此外，作为特征提取器，该神经网络模型节省了很多专家进行人工特征选择的工作。基于该模型，只需要进行元特征的选取，而无须由领域专家设计不同元特征之间的组合。

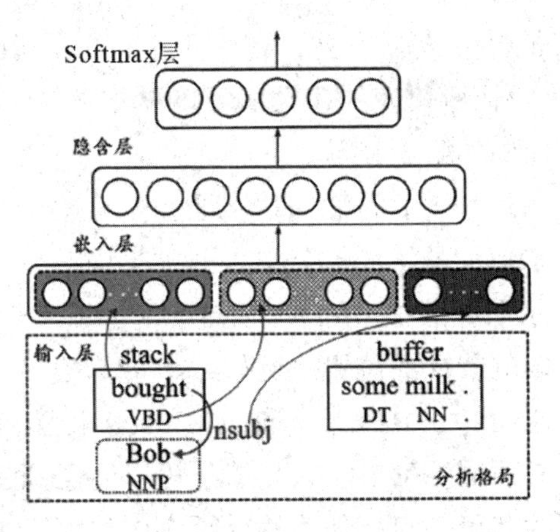

图 6-3　模型示意图

（二）模型实现

1. 特征模板

基于特征工程的依存句法分析器过于依赖专家定义的特征集合。Zhang 和 Nivre（2011）为基于转移的依存句法分析方法定义了一组特征，这组特征显著提高了依存句法分析器的性能。尽管如此，这些基于特征工程的工作仍然有以下不足。

第一，不完整性。尽管这组特征提高了性能，但专家手工定义的特征集合仍然难以确保特征的完整性。

第二，需要大量的领域专家工作。尽管不需要设计元特征之间的组合，但模型仍然需要选择元特征。元特征模板见表 6-4 所列。

表 6-4　元特征模板

	特　征
F_ω	s0ω，s2ω，b0ω，b1ω，b2ω，lc1（s0）ω，lc2（s0）ω，rc1（rc1（s1））ω，s1ω，rc2（s0）ω，lc1（s1）ω，lc2（s1）ω，rc2（s1）ω，rc1（rc1（s0））ω，rc1（s0）ω，rc1（s1）ω，lc1（lc1（s0））ω，lc1（lc1（s1））ω
F_P	s0p，s2p，b0p，b1p，b2p，lc1（so）p，lc2（s0）p，rc1（rc1（s1））p，s1p，rc2（s0）p，lc1（s1）p，lc2（s1）p，rc2（s1）p，rC1（rc1（s0））p，rc1（s0）p，rc1（s1）p，lc1（lc1（so））p，lc1（lc1（s1））p
F_l	rc1（s0）l，lc1（s0）l，lC2（s0）l，lc1（s1）l，lc2（81）l，lc1（lc1（s1））I，lc1（s1）l，rc2（s0）l，rc2（s1）l，lc1（lc1（s0））l，rc1（rc1（s0））l，rc1（rc1（81））l

表 6-4 中的特征被分成了三类：词特征（F_{ω}），词性特征（F_p）和弧特征（F_l）。表中各个特征所代表的含义如下。

（1）s*i* 表示栈 *S* 中的第 *i* 个词。

（2）b*j* 表示输入缓冲 I 中的第 *j*+1 个词。

（3）lc*i*（ ）表示取词的第 *i*+1 个左儿子。

（4）rc*i*（ ）表示取词的第 *i*+1 个右儿子。

上面表示要提取的特征的位置。例如，s0 即为栈 *S* 中的第 0 个词，即栈顶的单词；b1 为输入缓冲 I 中第二个词；lc0（s0）即为栈顶词的第一个左儿子；rc1（s0）即为栈顶词的第二个右儿子。可以注意到元特征模板中并不包含输入缓存中的词的儿子信息，因为输入缓存中的词尚未被分析，其没有儿子节点。

将以上位置信息分别与 w，p 或 l 组合，即可得到不同位置上的词特征、词性特征或依存弧特征。例如，s0ω 为栈顶单词的词特征；b1p 为输入缓冲 I 中第二个词的词性特征；rc1（s1）ω 表示 s1 最右儿子的词特征；lc2（s0）p 表示 s0 最左儿子的词性特征。

2. 模型的具体实现

与传统的句法分析器相同，实现该模型需要先实现模型中的三个主要部分，即依存句法分析算法、学习算法和分类模型、模型训练。

（1）依存句法分析算法的实现。本节采用了标准的移进归约算法（arc-standard 方法）。该方法包含三类动作。

第一，将 b0 从 buffer *B* 中弹出，并将其压入栈 *S*。

第二，在栈顶第一个词 s0 与第二个词 s1 之间添加一个弧 I，将 s1 从栈 *S* 中弹出，将弧（$s1 \xleftarrow{l} s0$）添加到 *A* 中。

第三，在栈项第二个词 s1 与第一个词 s0 之间添加一个弧 l，将 s0 从栈 *S* 中弹出，将弧（$s1 \xrightarrow{l} s0$）添加到 *A* 中。

模型执行的依存句法分析算法如图 6-4 所示。

```
Input: 待分析句子 x = (w_0, w_1, ..., w_n)
Output: 句子 x 的依存树
1  c = c_0 = c_s(x)   //初始化状态
2  while not finished(c) do
3  |   if can_left(c) then
4  |   |   c = LEFT-ARC(c)
5  |   else if can_right(c) then
6  |   |   c = RIGHT-ARC(c)
7  |   else if can_shift(c) then
8  |   |   c = SHIFT(c)
9  |   end
10 end
11 return c.A
```

图 6-4　模型使用的依存句法分析算法

（2）学习算法和分类模型的实现。作为一个依存句法分析器的重要组成部分，学习算法的作用为从训练数据中学习模型的参数，分类模型的作用为预测分析动作。在本模型中，我们采用了神经网络模型作为分类器，自然地使用反向传播算法作为学习算法。在本小节中将先介绍分类模型的具体实现，之后介绍模型学习的一些细节。

贪心特征提取模型如图 6-3 所示，由输入层、嵌入层、隐含层和 softmax 层组成。

神经网络的输入层直接从分析状态 C 中抽取元特征。元特征的抽取参见表 6-4 中定义的特征。从表中可以看到，抽取的三个部分特征分别为 18 个词特征、18 个词性特征和 12 个依存弧特征。在分析过程中的每一步，输入层将从分析格局中抽取这 48 个特征。这 48 个特征均以稀疏形式表示，即词袋模型。

网络嵌入层的作用为将特征的稀疏表示转换成稠密表示。嵌入层分为三个部分：词嵌入层、词性嵌入层和依存弧嵌入层；这三个嵌入层分别从对应的三种输入层中获取特征（将 BOW 向量中元素为 1 的位置，置换成为相应的元素向量：如前 18 个词特征位，若有元素为 1，则被置换为该位置上词的 word embedding；中间 18 个词性特征位和后 12 个依存弧特征位同理处理），得到 48 个特征向量。与词典大小相比，词性与依存弧的取值集合相对较小，故嵌入层中词性嵌入和依存弧嵌入的维度小于词嵌入的维度。

模型中的隐含层将嵌入层的 48 个输出特征 x_h=[e_1^{ω}，e_2^{ω}，…，e_{18}^{ω}，e_1^{p}，e_2^{p}，…，e_{18}^{p}，e_1^{l}，e_2^{l}，…，e_{12}^{l}] 进行首尾连接操作，将其组成一个特征向量，并对其进行线性与非线性变换操作。具体来说，非线性变换函数转换为三次方激活函数：

$$h=(\boldsymbol{W}_1 x_h+\boldsymbol{b}_1)^3 \tag{6-1}$$

式中，$\boldsymbol{W}_1 \in \mathrm{R}d_h \times d_{xh}$ 为隐含层的参数矩阵，$d_{xh}=18\times d_w+18\times d_{xp}+12\times \boldsymbol{d}_l$，$\boldsymbol{b}_1$ 为偏置向量。

网络的最后一层为 softmax 层，其作用为预测分析动作的概率分布。

$$O=\boldsymbol{W}_2 h+\boldsymbol{b}_2 \tag{6-2}$$

$$p_a=\frac{\exp(o_a)}{\sum a\in T\exp(o_a)} \tag{6-3}$$

式中，$\boldsymbol{W}_2 \in \mathrm{R}^{|T|}\times d_h$ 为 softmax 层的参数矩阵，$\boldsymbol{b}_2$ 为偏置向量，T 是依存句法分析系统中所有动作的集合。

获得了模型预测的分析动作概率分布之后，研究者即可计算网络的损失函数。与一般的多分类问题相同，我们采用了交叉熵（cross entropy）损失函数：

$$C=-\frac{1}{n}\sum_i\left[y_i\log p_i+(1-y_i)\log(1-p_i)\right] \tag{6-4}$$

实际上，该分类任务为从多个分析动作中选取一个正确动作，故损失函数简化为

$$L(\theta)=-\sum_{i\in A}\log(p_i)+\frac{1}{2}\lambda\|\theta\|^2 \tag{6-5}$$

式中，A 为 batch 的正确分析序列动作集合，λ 为正则化参数，θ 为模型参数 $\{\boldsymbol{E}^{\omega}, \boldsymbol{E}^{p}, \boldsymbol{E}^{l}, \boldsymbol{W}_1, \boldsymbol{b}_1, \boldsymbol{W}_2, \boldsymbol{b}_2\}$。

该依存句法分析器中的分类器为神经网络分类器，其学习算法与一般的神经网络学习算法相同，为反向传播算法。利用反向传播算法，可以获得损失函数对参数的梯度，再利用梯度下降法对模型的参数进行更新。

（3）模型训练。该贪心特征提取器部分的训练使用了二阶优化算法AdaGrad，对目标函数 $L(\theta)$ 进行优化。为了防止模型过拟合的现象发生，在实际训练过程中还在隐含层之后加入了一个 dropout 层。

在训练基线模型和特征提取器时使用了预训练的词嵌入。我们使用了Word2vec 工具在英文维基百科前 10 亿个单词上训练词向量。其中，CBOW参数设置为 8，整个词向量的训练过程进行了 15 轮迭代。在获得词向量的基础上，模型中嵌入层中的词嵌入部分的参数矩阵采用预训练的词向量进行了初始化，并在后续训练过程中利用反向传播算法进行了优化。预训练的词向量覆盖了训练数据集中 83.53% 的单词。

模型中的一些重要参数见表 6–5 所列。

表 6–5　基线方法的参数和本节参数的对比

参　数	基线方法参数	本节采用的参数
AdaGrad–alpha	0.01	0.01
AdaGrad–eps	*le*–6	*le*–6
batch size	10 000	5 000
dropout	0.5	0.5
d_w	50	64
d_p	50	32
d_l	50	32
d_h	200	512
λ	*le*–8	*le*–6
训练 batch 数	20 000	20 000

为了更快速地对模型进行训练，本部分采用了 GPU 对神经网络进行学习。具体来说，我们使用 Python 语言实现了依存句法分析算法，并采用Theano 实现了神经网络模型。我们采用了 NVIDIA Tesla K40M GPU 对网络进行训练，训练时间为 48 h 左右，完成了 20 000 个 batch 的更新。

3. 实验数据和评价指标

（1）实验数据。对了方便与基线方法进行比较，本节对基线方法 Chen and Manning（2014）341 的源代码进行了训练，并在英文宾州树库上进行了测试。

采用标准的英文宾州树库分割方法：02–21 区作为训练集，22 区作为开发集，23 区作为测试集。同时，我们去掉了树库中过于陈旧的数据。为了将短语句法分析树转换成依存句法树，本节使用 Stanford Dependency converter v3.3.0 将宾州树库转换成 Stanford 依存句法树库。由于 arc–standard 算法只能对可投影的依存句法树进行分析，故本节进一步对非可投影的数据进行了清理，整理后的数据情况见表 6–6 所列。

表 6–6　数据统计情况

数据集	句子数	可投影句子数	可投影百分比
训练集	33 288	33 251	99.89%
开发集	1 850	1 848	99.89%
测试集	1 850	1 848	99.89%

（2）评价指标。在依存句法分析器性能评价中，通常使用以下指标。

第一，无标记依存正确率（unlabeled attachment score，UAS）：在测集中，正确找到其正确支配词的词所占总词数的百分比。即

$$\text{UAS}=\frac{\text{核心词正确的词数}}{\text{总词数}}\times 100\% \tag{6–6}$$

第二，带标记依存正确率（labeled attachment score，LAS）：在测试集中，正确找到其正确支配词的词，并且依存关系类型也标注正确的词所占总词数的百分比。即

$$\text{LAS}=\frac{\text{核心词正确且依存关系正确的词数}}{\text{总词数}}\times 100\% \tag{6–7}$$

第三，依存正确率（dependency accuracy，DA）：在测试集中，找到正确支配词非根结点词占所有非根结点词总数的百分比。

第四，根正确率（root accuracy，RA）有两种定义方式：一种是在测试集中，正确找到根结点的词的个数与句子个数的百分比；另一种是在测试集中，正确找到根结点的句子数所占测试集句子总数的百分比。而对于只有一个根结点的语言或句子来说，这两者是等价的。

第五，完全匹配率（complete match，CM）：在测试集中，无标记依存结构完全正确的句子占测试集句子总数的百分比。

同时，无标记依存正确率和带标记依存正确率在统计时都可以选择是否计入标点符号。为了便于比较，本节选择不对标点符号进行计数，即标点符号被排除在总词数之外。如未说明，本节中的无标记依存正确率和带标记依存正确率均默认为不带标点的评测结果。在本节中，仅采用较为常见的无标记依存正确率和带标记依存正确率两个指标对实验结果进行评测。

4. 实验结果及分析

实验结果见表 6-7 所列。

表 6-7　基线方法在宾州树库上的测评结果

方　法	开发集		测试集	
	UAS	LAS	UAS	LAS
基线方法	91.2%	89.9%	90.1%	88.3%
本节特征提取器	91.4%	89.9%	90.2%	88.5%

基线模型的训练结果表明，这种方法已经能达到比较高的无标记依存正确率。同时，发现提高隐含层的节点数目和词嵌入的维度可以获得更好的效果。此外，对于词性嵌入和依存弧嵌入，我们无须使用与词嵌入同样的维度对其进行表示，因为其可取值范围远小于词典大小。

四、基于长短时记忆神经网络的依存句法分析模型

（一）模型介绍

1. 基于长短时记忆神经网络的依存句法分析模型简介

基于长短时记忆神经网络依存句法分析模型以贪心神经网络模型为特征

提取器，利用其提取的特征进行序列学习从而得到一个非局部分类器。其模型如图 6-5 所示

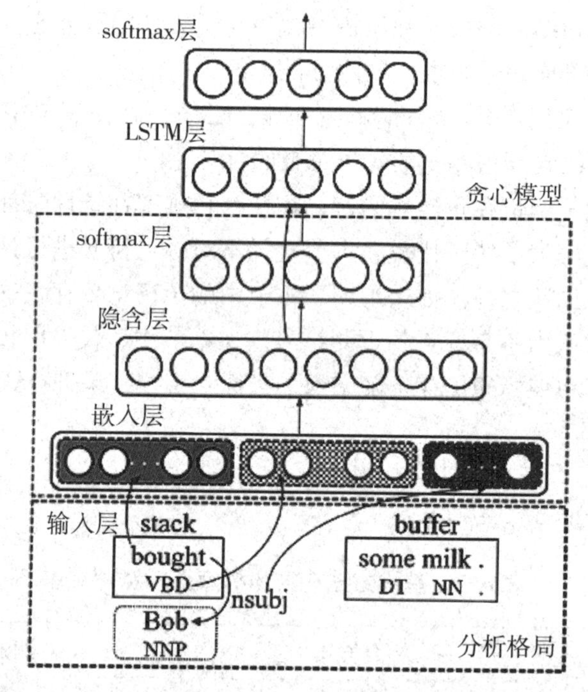

图 6-5　基于 LSTM 的序列优化模型示意图

基于贪心特征提取器和长短时记忆神经网络的依存句法分析器由以下几部分组成。

输入层：该层从分析格局中提取元特征。

贪心特征提取器：该部分即为贪心依存句法分析器。在本模型中，其作为特征提取器。

长短期记忆神经网络层：该层的作用为通过学习获得一个可以记忆分析历史和格局状态历史的分类器，将其用于最终的转移动作分类中。

softmax 层：该层的作用为预测分析动作的概率分布。

2. 贪心前馈神经网络分类器被用作特征提取器

如图 6-5 中所示，LSTM 层的输入并非从分析格局中直接抽取得到的，而是从贪心分类器中得到的。本节预训练一个贪心分类器，并在训练基于长短时记忆神经网络分类器时固定该贪心分类器。

考虑到贪心分类器已经可以取得了较好的结果，我们将其学习到的非线

性变换看成一种特征转换函数。根据贪心分类器的结构，其被作为特征提取器时可以看作对输入做如下的变换：

（1）从分析格局中抽取稀疏特征；

（2）贪心分类器的嵌入层将稀疏特征表示转换为稠密特征；

（3）贪心分类器的隐含层对输入的特征做线性和非线性变换得到新的特征。

从上述步骤中可以看出，该贪心分类器可以作为一个特征提取器，其提取特征的关键过程为从系数特征到稠密特征并进行线性与非线性变换的过程。

在本模型中，最终被用作 LSTM 层输入的特征不仅仅是贪心模型中隐含层的输出。考虑到 softmax 层已经获得一个转移动作的概率分布，我们将该层的输出同时作为一个特征，将其与隐含层的输出相连接，作为贪心特征提取器的输出。

3. 利用长短时记忆神经网络进行序列学习

为了学习长距离的依赖关系和分析历史，本节以递归神经网络（RNN）的一种——长短时记忆神经网络（LSTM）为序列学习工具。本模型使用一层 LSTM 和 softmax 层对分析历史和信息进行建模。具体地，将特征提取器抽取的特征 x 作为输入，LSTM 将学习一个非局部分类器。对于每一句话，LSTM 层不仅能学习到局部的特征，还能“记忆”长距离的依赖和之前的分析格局和动作。

上面介绍的贪心依存句法分析模型对句子信息是不敏感的，即该模型并不将句子作为一个整体，也不考虑历史信息等信息，而是只对某一个分析格局提取特征进行动作分类。与贪心模型不同，本模型将每一句话都作为一个整体序列看待。

具体地，对于数据集中的句子 i，我们可以利用依存句法分析算法抽取出其标准分析动作序列 s_i=[a_i^1，a_i^2，…，a_i^n]，其中 n 为句子 i 分析过程中的动作总数。接下来，按照给定的基于转移的依存句法分析算法，根据抽取出的标准分析动作进行分析，其过程包括以下步骤。

第一，在分析的每一步，利用贪心特征提取器从当前分析格局中提取出特征 x_i，根据标准分析动作序列，即可得到一个特征序列 x_{ig}=[x_{ig}^1，x_{ig}^2，…，x_{ig}^n]。

第二，LSTM 层将贪心特征提取器抽取的特征和上一时刻的输出作为输入，同时保持记忆单元的值，对之后记忆单元进行更新并给出输出。

第三，softmax 层利用 LSTM 单元的输出预测转移动作的概率分布。

第四，依存句法分析算法得到转移动作的概率分布，执行概率最大的转移动作，更新分析格局，修改相应的数据结构。

标准分析动作抽取算法如图 6-6 所示。

```
   Input: 待分析句子 x = (w0, w1, ··· , wn)，依存树 t
   Output: 句子 x 在给定依存树 t 下的标准分析动作序列
 1 c = c0 = cs(x)   //初始化状态
 2 oracle = [ ]
 3 while not finished(c) do
 4     w1 = get_stack(c, 1)   // 获得栈顶第二个词，不存在则返回-1
 5     w2 = get_stack(c, 0)   // 获得栈顶词，不存在则返回-1
 6     w1_head = get_head(t, w1)   //获得 w1 的父亲节点，不存在则返回-1
 7     w2_head = get_head(t, w2)   //获得 w2 的父亲节点，不存在则返回-1
 8     if w1 > 0 and w1_head == w2 then
 9         label = get_label(w1)   // 得到 w1 的依存弧
10         oracle.append("L(label)")   // LEFT-ARC
11     else if w1 ≥ 0 and w2_head == w1 then
12         label = get_label(w1)   // 得到 w2 的依存弧
13         oracle.append("R(label)")   // RIGHT-ARC
14     else
15         oracle.append("S")   // SHIFT
16     end
17 end
18 return oracle
```

图 6-6　标准分析动作抽取算法

下面给出一个例子，如图 6-7 所示。假定标准分析动作序列共有 4 个动作，S=[a_1，a_2，a_3，a_4]。首先利用贪心特征提取器从分析格局中提取特征，其次将该特征作为 LSTM 层的输入并进行计算，并得到输出o_L^1（注意，该图示中省略了 softmax 层的概率计算过程）。根据模型计算的结果o_L^1，分析算法对分析格局中的数据结构应用对应的转移动作 a_1'。依存句法分析器根据动作 a_1'修改对应的栈等数据结构。该过程会一直重复，直到整句话分析完成。该句被分析完成之后即可得到预测动作序列 S_i'=[a_1'，a_2'，…，a_n']，给定了

标准动作序列 S_i=[a_1，a_2，…，a_n] 和预测动作序列，即可计算损失函数的值并利用时域后向传播算法对长短时记忆神经网络进行训练。

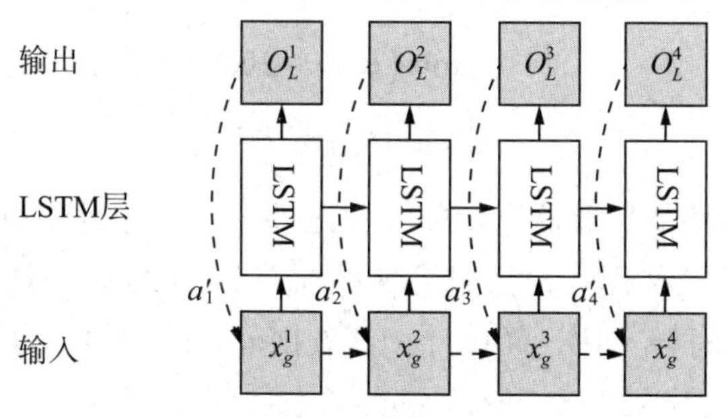

图 6-7　一个具有四个动作的分析示意图

（二）模型实现

1. 模型训练

实际上，在训练基于长短时记忆神经网络模型时，我们并不会显式地保留贪心分类器，而是预先利用该分类器产生训练数据。具体来说，我们首先从训练数据的句法树中抽取标准分析序列，并直接使用贪心特征提取器进行特征提取，即对训练数据中的每一句话 i，预先计算出对应的特征序列 x_{ig}=[x_{ig}^1，x_{ig}^2，…，x_{ig}^n]。这样不仅可以省去训练过程中抽取特征和计算特征提取器网络的前向传播的时间，还可以减小内存使用量，优化程序。

贪心特征提取器负责从分析格局中提取元特征并进行组合与非线性变换。在本节的实现中，我们将隐含层的输出 h 与 softmax 层的输出 s 连接起来作为贪心特征提取器的输出，即 x_g=[h；s]。

然而，因为 x_g 为连接隐含层输出与 softmax 层输出得到的特征向量，故该特征向量的不同维度的取值范围有所不同：softmax 层输出的取值范围为 [0，1]，而隐含层的激活函数采用了三次方激活函数，其取值范围理论上为（－∞，＋∞）。这会在模型训练过程中引起梯度震荡，导致模型收敛缓慢，甚至无法收敛。在实际的训练过程中我们也观察到了此现象。

为了解决该问题，我们采用最大最小标准化（max-min normalization）方法对特征向量中来自隐含层的 h 部分进行了标准化：

$$x_g^{'} = \frac{x_g - \min\left(x_g\right)}{\max\left(x_g\right) - \min\left(x_g\right)} \qquad (6\text{-}8)$$

由于无法得到数据真实的最大值与最小值，我们在训练数据集上进行了统计，最终使用了能覆盖训练数据 99.99% 的范围，即

$$\begin{cases}\min\left(x_g\right)=-200\\ \max\left(x_g\right)=200\end{cases} \tag{6-9}$$

除了对贪心特征提取器进行归一化之外，我们也对预训练的词嵌入进行了归一化。在实验过程中，我们发现单纯用 Word2vec 工具训练获得的词向量的数据分布没有归一化，经统计，其数据分布的均值和方差分别为

$$\begin{cases}\mu=7e-5\\ \sigma^2=1.33\end{cases} \tag{6-10}$$

因此，我们用下式将预训练的词向量的数据分布调整到标准正态分布。

$$x=\frac{x-\mu}{\sigma} \tag{6-11}$$

为了更加有效与自动地对 LSTM 层进行优化，在对长短时记忆神经网络进行训练的过程中，我们使用了二阶优化算法 Adadelta 对目标函数进行优化。该方法的优点在于无须手动选择初始化的学习率，并可以根据历史梯度更新情况自动调整对应参数的学习率。为了防止过拟合，我们在模型中的 LSTM 层之后加入了一个 dropout 层。

我们使用 Python 语言实现了依存句法分析算法，并采用 Theano 实现了神经网络模型。我们采用了 NVIDIA Tesla K40M GPU 对网络进行了训练，训练时间为 24 h 左右。

2. 模型参数

对于贪心特征提取器，其正则化参数 $\lambda=10^{-6}$，隐含层大小 $d_h=512$。模型中的词向量维数为 64，词性嵌入和依存弧嵌入维数均为 32。模型中的其他参数矩阵均采用均值 $\mu=0$、标准差 $\sigma=0.01$ 的高斯分布进行初始化。训练贪心模型的优化算法 AdaGrad 的初始学习率设置为 0.01，训练批规模（batch size）为 5 000。对于 LSTM 层，其参数设置见表 6-8 所列。

表 6-8　模型中的部分参数

参　数	值
d_l：LSTM 状态维数	2 048
λ：正则化参数	*le*–4
dropout	0.5
mini–batch size	64

LSTM 单元的参数采用 Glorot 均匀分布初始化方法。与使用正态分布初始化的模型相比，这种初始化方法带来的提升相对显著。实验表明，Glorot 初始化方法在开发集上的评测结果可以获得一个百分点的性能提升。

（三）实验数据和评价指标

1. 实验数据

由于需要进行批训练，而不同长度的句子的分析序列长度也不相同，我们采取了掩码的方法进行训练。有些句子的长度过长，这导致了在 batch 中其他句子已经处理完毕而一直在等待该长句的现象出现。因此，为了更快速地训练模型，我们在训练过程中去除了单词数大于 70 的句子，这样的句子共有 76 句，占训练数据集句子数的 0.2%，我们认为这样做不会影响最终模型的效果。

因此，与基于前馈神经网络的依存句法分析模型采用的数据不同，我们去除了一部分训练数据和验证数据。数据的实际使用情况见表 6-9 所列。

表 6-9　数据统计情况

数据集	句子数	可投影句子数	可投影百分比 /%	长度大于 70 的句子数	使用的句子占可投影句子百分比 /%
训练集	33 288	33 251	99.89	76	99.89
开发集	1 850	1 848	99.89	1	99.9
测试集	1 850	1 848	99.89	—	100

2. 评价指标

该评价指标与基于前馈神经网络的依存句法分析模型的评价指标相同。

（四）实验结果及分析

实验结果见表 6-10 所列。

表 6-10　在 WSJ 上的测试结果

分析器	开发集		测试集	
	UAS	LAS	UAS	LAS
Malt：standard	90.5%	88.9%	89.2%	87.4%
Malt：eager	90.2%	88.8%	89.4%	87.5%
MSTParser	91.4%	88.1%	90.7%	87.6%
基线方法	91.2%	89.9%	90.1%	88.3%
贪心特征提取器	91.4%	89.8%	90.2%	88.5%
本模型	91.9%	90.5%	90.7%	89.0%

实验结果表明，与基于前馈神经网络的依存句法分析模型相比，基于长短时记忆神经网络的依存句法分析模型表现更佳。与贪心模型不同，本模型利用长短时记忆神经网络对整句进行建模，可以利用历史分析信息和历史格局信息进行分析动作的分类，进而提高依存句法分析器的性能。

五、基于双向门控循环单元神经网络的文本分类模型

（一）概述

文本分类不但可以有效地管理和筛选信息，而且在网络搜索、信息检索

和排序、自动摘要生成等方面发挥着重要的作用。同时，文本分类是自然语言处理中的重要任务之一。

对于中文文本来说，由于其语义模糊、词性构成复杂、各部分信息在文档中分布不对称，因此在建立有效的中文文本分类模型之前，先需要将文本转换成计算机和模型可识别的形式。然后，从可识别形式中提取一些有效的特征信息，使用有效的分类算法对所提取的特征进行训练，最终达到区分文本类别的目的。

最初文本表示的主要方法是向量空间模型 VSM 或基于 VSM 的改进模型。在 VSM 中，每个文本被表示为一个向量，其中的元素就是所谓的文本特征。然而，在 VSM 中存在的一个最大的问题就是数据稀疏性问题，常常需要通过信息增益等方法进一步提取特征信息。但是，这些方法只是在一定程度上缓解了数据稀疏问题，并未真正解决。于是，后来研究者转向了研究基于神经网络的文档分布式表示，进而实现了文档的词向量表示。

过去几年，根据对应的词向量，研究者研究出了一些基于神经网络的模型，如神经主题模型（neural topic model, NTM）、变分推理自编码主题模型（autoencoding variational inference for topic models，AVITM）、稀疏神经网络主题编码（neural sparse topical coding, NSTC）及稀疏上下文隐藏和观察语言自动编码器（sparse contextual hidden and observed language auto-encoder, SCHOLAR）等。在这期间，随着深度学习技术在自然语言处理中的广泛应用，结合深度学习方法的文本分类模型不断被提出。2014 年，哈佛大学的 Kim 等提出了 TextCNN，该模型是基于卷积神经网络提出的，而卷积神经网络关注的是局部信息，因此无法获取上下文词汇之间的全局依赖关系，从而限制了对全文语义的理解。于是，2016 年，复旦大学刘等考虑到文本是一个序列模型，提出了 TextRNN。这个模型关注每个词的序列关系，会存储每个词在文档前面出现的语义信息。然而，这种模型对每个词在后面出现的语义信息关注不够，因此体现不出文档中每个单词的信息量。

近年来，随着注意力机制在自然语言处理中的广泛应用，注意力机制已被应用在机器翻译、对话系统、图片捕获等序列到序列的模型中，并取得了不错的效果。因此，为了解决上述模型中存在的问题，本节不但将卷积神经网络和循环神经网络进行了融合，而且引入了注意力机制以获取词在文档中的重要程度，提出一种面向中文新闻文本分类的融合网络模型。

（二）经典模型分析

目前，文本分类模型主要分为传统文本分类模型和基于神经网络的文本分类模型。

1. 传统文本分类模型

传统的文本分类模型方法主要专注于在特征提取和选择合适的分类算法，通常是基于词袋和词频逆文本频率的朴素贝叶斯文档分类模型，如 Blei 等提出的 LDA 模型。然而，这类方法的最大问题就是数据稀疏，于是 Yan 等提出了 BTM 模型，虽然该模型在一定程度上缓解了短文本特征空间高维稀疏问题，但是由于仅仅依靠语料本身提供的信息进行文档主题推断，效果依然不够理想。

2. 基于神经网络的文本分类模型

随着深度学习和词向量的发展，两者在相关国际顶级会议（如 ACL、AAAI 等）上引起了广泛关注。Lau 等和 Wang 等先后提出了 TDLM 模型和 TCNLM，其中 TDLM 模型以文档的词向量拼接为输入并使用 CNN 将其转换为文档向量，进而从文档向量中推断出类别。该模型采用注意力机制获取文档的主题分布，并将其融入循环神经网络的隐含层中。该模型分被作用于 20NewGroups、Web-Snippet 等数据集，发现其在 20NewsGroups 上的效果并不理想，主要是因为 20NewsGroups 数据集中偏长文档较多，而使用卷积神经网络捕获的是文本的局部关键信息。随后，吴小华等将 Self-Attention 机制和双向 LSTM 相结合推出了新模型，此模型通过 Bi-LSTM 获取词的前后依赖关系进而通过注意力层捕获词在文档情感分析中的影响程度。

在深度学习任务中，为了提高分类的精度，一些学者不断加深神经网络，如 Johnson 等和 Conneau 等通过增加网络的深度提高分类精度，而较深的网络模型不仅耗时，还容易出现梯度消失或者梯度爆炸。随后在计算机视觉领域，Huang 等提出了 DCCNN 模型，采用密集连接的方式将前面所有层的特征映射输入后面层，取得了不错的效果。受此启发，本节将 GRU 网络中的每个隐藏单元与后面所有 GRU 层相应的隐藏单元进行密集连接以获取上下文中的语义信息，然后分别采用 Self-Attention 机制获取词在文档分类中的影响程度并通过最大池化层获取每个词向量维度上的最大值，即对文档

分类影响最大的词，之后将各自学习到的文本表示进行拼接，最后通过分类器进行文本分类。

（三）面向文本分类的融合网络模型

模型结构如图 6-8 所示。

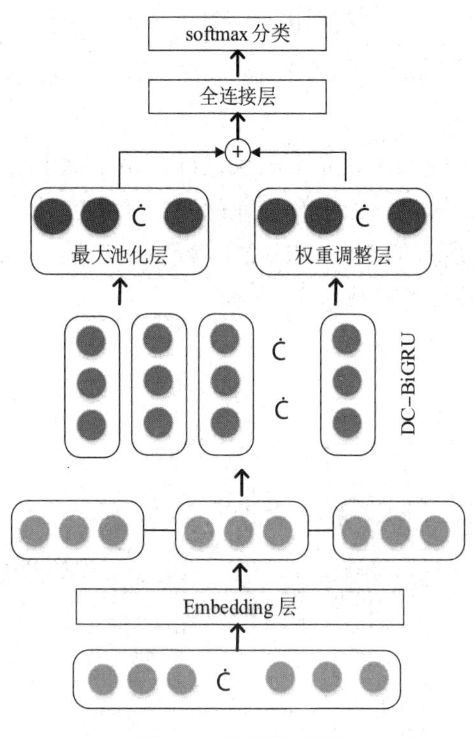

图 6-8　模型结构图

1. DC–BiGRU 层

密集连接的双向门控循环单元（densely connected bi-directional gate recurrent unit，DC–BiGRU）层的作用是提取词向量序列中的全局特征。

为了最大限度地获取全局特征，该层一方面让模型最大限度地捕获文本的上下文语义信息；另一方面通过顺序堆叠的方式建立更高层次的网络，加强特征的传播和特征复用。

为了最大限度地捕获文本上下文语义信息，DC–BIGRU 层采用了双向 GRU 网络。因为 GRU 仅可以学习到上文的信息，即每个位置 t 的隐藏状态只能对前面文本的信息进行正向编码，无法反向编码，只有加反向传播的 GRU 才可以学习到后面文本，即下文的信息。

双向 GRU 的具体表示如式（6–12）、式（6–13）、式（6–14）所示。

$$\overrightarrow{h_t} = \overrightarrow{GRU}(w_t), t \in [1, n] \tag{6–12}$$

$$\overleftarrow{h_t} = \overleftarrow{GRU}(w_t), t \in [1, n] \tag{6–13}$$

$$h_t = [\overrightarrow{h_t}, \overleftarrow{h_t}], t \in [1, n] \tag{6–14}$$

其中，$\overrightarrow{GRU}$表示正向 GRU，$\overrightarrow{h_t}$表示前向隐藏层状态，$\overleftarrow{GRU}$表示反向 GRU，$\overleftarrow{h_t}$表示反向隐藏层状态。

若采用顺序堆叠的方式建立更高层次的网络，随着层数的加深通常会出现梯度消失或者梯度爆炸。为了解决此问题，密集连接块被引入，即将每一层双向 GRU 和后续所有的双向 GRU 层进行直接连接，实现特征复用和加强特征传播的同时，减少了参数量。

其网络结构图如图 6–9 所示。

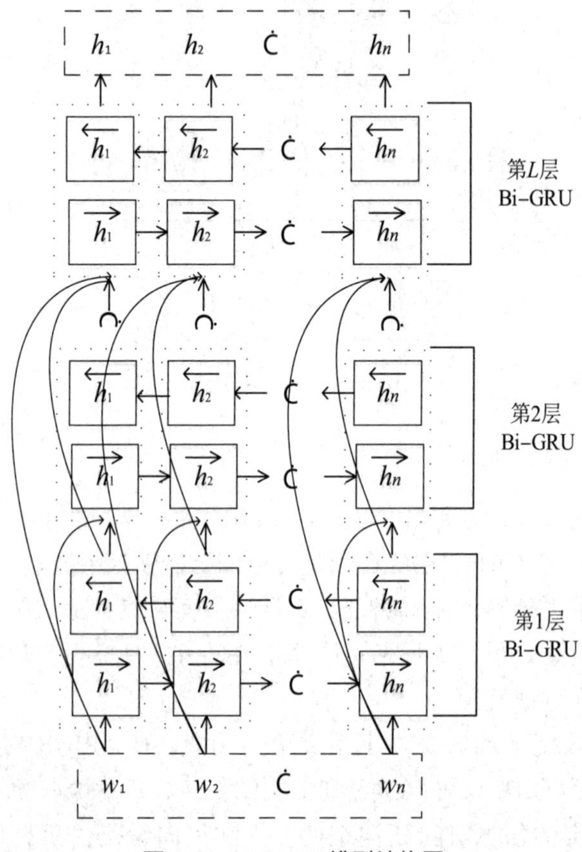

图 6–9　DC-BiGRU 模型结构图

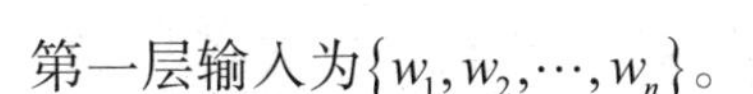

第一层输入为$\{w_1, w_2, \cdots, w_n\}$。

第一层输出为$\{h_1^1, h_2^1, \cdots, h_n^1\}$。

第二层输入为$\{[h_1^1; w_1], [h_2^1; w_2], \cdots, [h_n^1; w_n]\}$。

第二层输出为$\{h_1^2, h_2^2, \cdots, h_n^2\}$。

第 L 层输入为$[h_1^1; h_1^2; \cdots; h_1^L; w_1], [h_2^1; h_2^2; \cdots; h_2^L; w_2], \cdots, [h_n^1; h_n^2; \cdots; h_n^L; w_n]$。

第 L 层输出为$\{h_1, h_2, \cdots, h_n\}$，为密集连接的双向 GRU 网络学习到的特征表示。

2. 最大池化层

池化层的作用是提取通过 DC-BiGRU 层学习到的词向量中的综合信息。为了捕获词向量每一维中对文本分类任务影响最大的特征，采用最大池化来获取每个词向量相应维度上的最大值，降低文本语义特征维度，保留主要特征。其具体操作如图 6-10 所示，对于上一层得到的 $\boldsymbol{H}$ 矩阵中的词向量，在每个维度上求得该维度上的最大值$h^d{}_{\max}$，最终得到最大池化后的文本表示v。

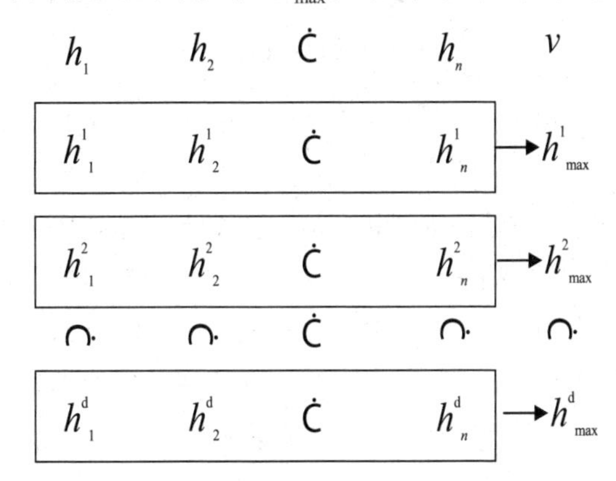

图 6-10　最大池化层操作示意图

3. 权重调整层

权重调整层的作用是的词序列中每个词对文本分类任务的影响程度，调整 DC-BiGRU 层学习到的词向量权重。该层采用 Self-Attention 机制来调整词向量的权重，目的是学习句子内部的词依赖关系，捕获句子的内部结构，实现较为简单，还可以并行计算。其计算公式如下：

$$\boldsymbol{X}_i = \tanh(W_s \boldsymbol{h}_i + b_s) \tag{6-15}$$

$$\alpha_i = \frac{\exp(\boldsymbol{X}_i \cdot \boldsymbol{X}_i^{\mathrm{T}})}{\sum_{i=1}^{n} \exp(\boldsymbol{X}_i \cdot \boldsymbol{X}_i^{\mathrm{T}})} \tag{6-16}$$

$$u=\sum_{i=1}^{n} \alpha_i \boldsymbol{h}_i \tag{6-17}$$

式中，$\boldsymbol{h}_i$ 为 DC-BiGRU 输出的词向量；$\boldsymbol{X}_i$ 为经过 tanh 激活函数处理后的词向量；α_i为词在文本中的注意力权重；u为经过词的加权平均得到的文本表示。

4. 分类层

将前面通过最大池化层得到的文本表示v和经过权重调整层得到的文本表示u进行拼接，然后通过全连接层F进行调整得到z，最后将其输入 softmax 层对文本进行分类。计算过程如下：

$$z = F(v \oplus u) \tag{6-18}$$

$$\hat{y} = \mathrm{soft\,max}(z) \tag{6-19}$$

5. 模型训练

采用的 Adam 优化方法在后期的学习率太低，导致收敛性较差。通过分析常用的两种优化方法 Adam 和 SGD 方法的优缺点，得出一种将两者结合使用的方法：前期采用 Adam，后期换成 SGD。这样可以有效利用两者的优点，提高算法的收敛速度，而 AMSBound 正是将两者结合的有效方法。该方法在保持自适应方法的快速初始化和超参数不敏感等优点的同时，在多个方面显示了良好的效果。因此，本节采用 AMSBound 优化方法作为模型训练中的优化器，以加速模型训练。调用的方式和 Adam 优化器类似：optimizer = adabound.AdaBound(model.parameters( ), lr=1e-3, final_lr=0.1)。

损失函数选取交叉熵损失，具体计算公式如下。

$$L = -\frac{1}{n}\sum_{x}\left[y\log\hat{y} + (1-y)\log(1-\hat{y})\right] \tag{6-20}$$

式中，L为损失值；x为样本；n为样本数；y为样本实际值；$\hat{y}$为样本预测值。

（四）实验对比与分析

1. 实验数据集

为了证明所提出模型的有效性，在实验中选取中文新闻文本分类中两个经典数据集 NLPCC 2014 和 THUCNews，其中 NLPCC 2014 一级类别有 24 种，主要包括体育、农业和财政等，数据格式如下。

```
<doc id="38 017">
<title> 我国启动森林采伐管理改革试点林业和草原局确定 168 个县（市、区）为全国森林采伐管理改革试点县（市、区），森林资源管理将逐步实现由单纯指标管理向可持续经营管理转变 </title>
<content> 林业和草原局批准了北京、天津、山西等 22 个省（市、区）关于开展森林采伐管理改革试点的方案，要求各地围绕探索构建森林可持续经营框架和建立公开、公正、合理的采伐指标分配机制，完善政策体系，使森林资源管理逐步实现由单纯指标管理向可持续经营管理转变……
</content>
<ccnc_cat id="38 017">14．18</ccnc_cat>
<ccnc_label id="38 017"> 农业、农村 | 林业 </ccnc_label>
</doc>
```

按照训练集和测试集类别分布一致原则将 NLPCC 2014 划分为训练集 42 689 个样本和测试集 11 577 个样本。THUCNews 由清华大学自然语言处理实验室推出，且基于新浪新闻的历史数据，现有新闻文献 74 万篇。它分为 14 大类，包括金融、彩票和体育等。对于数据集 THUCNews，随机选择 3 000 个训练样本和 500 个测试样本，两个数据集的详细信息见表 6-11 所列。从表 6-11 中可以看出，NLPCC 2014 的文档平均长度为 470.6，属于较长的文本数据集，THUCNews 的文档平均长度只有 22.34，属于短文本数据集。

表 6-11　数据集的详细信息

数据集	文档数量	文档平均长度	类　别
NLPCC 2014	54 266	470.6	24
THUCNews	49 000	22.34	14

2. 数据预处理

Step1：中文不能直接采用空格进行分词，因此需要利用 jieba 中文分词工具对实验所选的数据集进行分词，同时利用相应的停用词文档去掉停用词，得到所需的中文词表，之后将每个文本采用较短补零、较长截断的方式统一成固定长度的样本，方便后面处理。对于 NLPCC2014 数据集，实验中的固定长度设为 420。

Step2：采用 CBOW 模型，对大量的谷歌新闻语料预先训练好词向量，词向量维度为 300。对于未出现在预训练词向量中的词，在 [-1,1] 内随机生成 300 维的初始化词向量。

3. 实验超参数设置

（1）初始化学习率 *lr=le*-3。

（2）词向量的维度为 300，最小批次为 64，NLPCC 2014 数据集文档长度为 420，数据集 THUCNews 的文档长度为 25。

（3）模型中密集连接层的隐藏单元数为 12，最后一层的隐藏单元数为 100。

（4）dropout=0.7（经验值），在模型训练过程中，将 DropConnect 方法作用于 hidden-to-hidden 权重矩阵上，将节点中每个与其相连的输入权值以 1-p 的概率变为 0。

4. 模型对比与分析

本节采用精确率、召回率、F1-score 三个评价指标衡量分类模型的性能。

为了验证本节所提出的融合模型对中文新闻文本分类的有效性，分别与 TextCNN 模型、TextRNN 模型、A-LSTM 模型、AC-BiLSTM 模型进行对比。

对于数据集 NLPCC 2014，各模型的三个评价指标结果见表 6-12 所列。从表中可以看出本节所提出的模型的三个评价指标不仅优于经典 TextCNN、TextRNN 模型，还优于 A-LSTM 和 AC-BiLSTM 两个新模型。与该数据集上表现较优的经典 TextCNN 模型相比，其精确率提高了 5.4%，召回率提高了 5.7%，F1-score 提高了 5.6%。与最新模型 AC-BiLSTM 相比，其精确率提高了 2.1%，召回率提高了 3.6%，F1-score 提高了 2.9%。可见，将基准模型进行一定程度的融合可以提高模型的性能。

表 6-12　NLPCC 2014 数据集的实验结果

模　型	精确率	召回率	F1-score
TextRNN	76.7%	75.6%	76.1%
TextCNN	81.8%	81.1%	81.4%
A-LSTM	82.7%	80.3%	81.5%
AC-BiLSTM	85.1%	83.2%	84.1%
Ours	87.2%	86.8%	87.0%

对于 THUCNews 数据集，也进行了同样的对比，具体结果见表 6-13 所列。从表中可以看出所提出的融合模型的三个评价指标均优于经典的 TextCNN 和 TextRNN 模型，同时优于新模型 A-LSTM 和 AC-BiLSTM。但是提高的幅度较小，与在该数据集上表现较优的经典 TextRNN 模型相比，其精确率提高了 0.5%，召回率提高了 0.2%，F1-score 值提高了 0.3%。与最新模型 AC-BiLSTM 相比，三个指标也在一定程度上略有提高。

表 6-13　THUCNews 数据集的实验结果

模　型	精确率	召回率	F1-score
TextRNN	85.7%	86.1%	85.9%
TextCNN	82.6%	81.8%	82.2%
A-LSTM	85.8%	86.4%	86.1%
AC-BiLSTM	86.1%	85.7%	85.9%
Ours	86.2%	86.3%	86.2%

由于五个对比模型在不同数据集上的效果不一样，因此为了验证各模型的适应程度，对其在不同数据集上的精确率进行了比较，具体结果见表 6-14 所列。

表 6-14　不同数据集精确率结果

模　型	NLPCC 2014/%	THUCNews/%
TextRNN	76.7	85.7
TextCNN	81.8	82.6
A-LSTM	82.7	85.8
AC-BiLSTM	85.1	86.1
Ours	87.2	86.2

从表 6-14 中可以看出，本节所提出的模型在 NLPCC 2014 数据集上的表现更优，说明融合模型适合于较长文本数据集，由于更短的文本含有类别的信息较少，因此提高的幅度较小。对于 TextRNN 模型，因为循环神经网络只会记住一段长度前的信息，所以其处理较长文本时表现较差。

5. GRU 层数对模型的影响

通过多次实验发现，对本节所提出的融合模型性能影响最大的是密集连接的 GRU 层数。通常层数相对较多时，模型的精确率更高，但是当层数增加到一定数量时，模型的精确率反而会下降，因为层数过多时会出现过拟合问题。因此，本节在 NLPCC 2014 数据集上对如何设置密集连接层数进行了统计分析，在实验过程中以步长为 3 进行了统计，其具体结果如图 6-11 所示。从图 6-11 可以看出，开始时，随着层数的增加，模型的精确率不断提高，但是如果层数过多，模型的性能反而会下降。当密集连接层数取 15 左右时，模型的精确率最大。

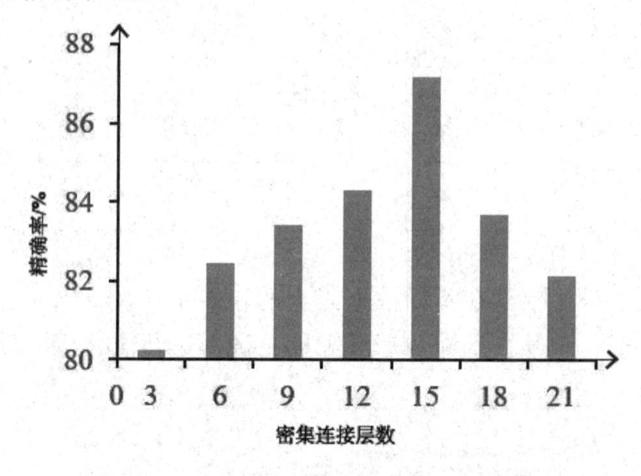

图 6-11　密集连接层数对模型精确率的影响

6. 简化测试

为了评估模型中的各部分对整体性能的影响程度，对模型进行了简化测试，即分别将模型中的密集连接、最大池化、自注意力机制去除，统计NLPCC2014数据集的精确率的变化情况，实验结果如图6–12所示。去除密集连接操作部分后，模型的精确率下降了7.43%，下降最多，说明密集连接起到了较大的作用，也就是说通过密集连接的确可以加强上下文中的语义信息。去除最大池化操作部分后，模型的精确率下降了6.25%，说明最大池化操作在整个模型提取特征时起到了一定作用。去除自注意力机制操作部分后，模型的精确率下降了4.16%，说明自注意力机制对模型的影响最小，但是如果没有自注意力机制，整个模型的精确率就只有83.04%。

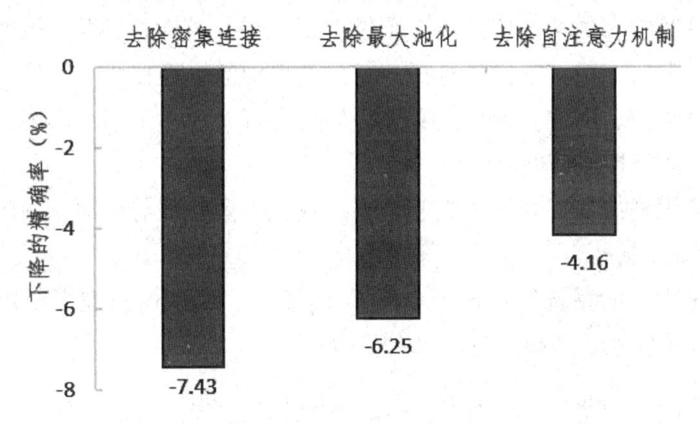

图6–12　简化测试结果图

（五）结论

本节受DenseNet的启发，首先将双向GRU网络中的每个隐藏单元与后面所有双向GRU网络中相应的隐藏单元进行直接密集连接，以最大限度地捕获词在上下文中的语义信息。其次一方面通过最大池化层获取每个词向量相应维度上的最大值，在保留主要特征的同时降低特征词向量维度，另一方面采用自注意力机制获取文本中更关键的信息，将所学习到的文本表示进行拼接，最后通过分类器对文本进行分类。

由于模型中采用的Word2vec是通过对具有数十亿词的新闻文章进行训练得到的词向量，同时双向GRU网络和自注意力机制更适合于获取较长文本序列信息，因此所提出的融合网络模型更适合于处理较长的新闻文本信息。

此外，所提出的模型虽然在精度方面有所提升，但是在训练过程中所花费的时间较长。为了使模型有更广的适用领域，研究者不仅需要采用善于学习短文本信息的方法或机制对模型进行改进，还需要在训练时间方面进行优化。

第二节　深度学习技术在图像处理中的应用

一、深度学习在图像识别中的应用

（一）图像识别概述

图像识别也就是图像的模式识别，是模式识别技术在图像领域中的具体应用，是对输入的图像信息建立图像识别模型，分析并提取图像的特征，然后建立分类器，根据图像的特征进行分类识别的一种技术。图像识别的主要目的是对图像、图片、景物、文字等信息进行处理和识别，以解决计算机与外部环境的直接通信问题。

图像识别的发展经历了文字识别、数字图像处理与识别、物体识别三个阶段。①

图像识别的系统结构框图如图 6-13 所示，识别的过程主要由三个环节组成：数据获取、数据处理以及判别分类。

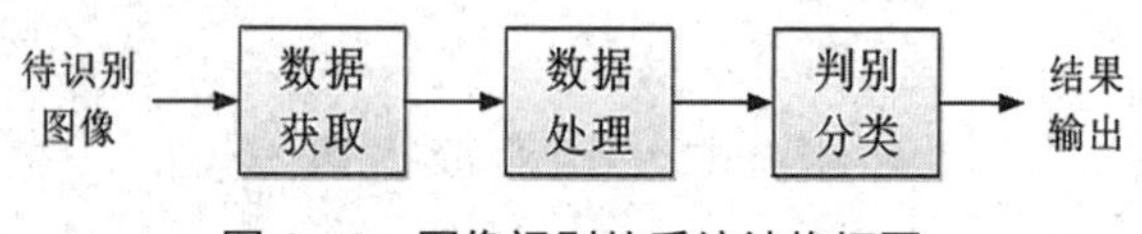

图 6-13　图像识别的系统结构框图

第一，数据获取，即利用扫描仪、相机等采集现实世界的模拟数据，如图像、照片、景物、文字等，之后将其转换成适合计算机处理的形式。

第二，数据处理，包括数据预处理、特征提取和特征选择。数据预处理的目的是消除图像中无关的信息，改善图像质量，便于对图像进行分析和处理。特征提取是用映射（或变换）的方法将高维空间的原始特征变换为低维空间的新特征，从而有利于分类。特征选择是从图像中提取一组能反映图像特性的基本元素或数值来描述原图像。

第三，判别分类，对图像进行分类识别。

① 李卫．深度学习在图像识别中的研究及应用 [D]. 武汉：武汉理工大学，2014.

1. 图像的特征提取

图像的特征提取一般被分为两个层次：一是底层的特征提取，二是高层次的特征提取。[①]底层的特征提取是图像分析的基础，常用的有颜色特征、形状特征和纹理特征，具有计算简单和性能稳定的特点。高层次的特征提取包括人脸识别、人的行为分析等，这些都需要根据底层的提取结果，并通过机器学习才能实现。

（1）颜色特征。颜色常常和图像中所含的具体物体或场景相关。例如，人们常常将绿色和植物、草原等联系在一起，蓝色则使人联想到蓝天、大海等，通常在自然界中，同一类物体可能表现出相同或者相近的颜色特征，而不同类的物体可能会有不同的颜色特征。颜色特征与其他图像特征相比，具有良好的不变性，包括旋转不变性、平移不变性、尺度不变性，同时具有很好的鲁棒性，对各种形变不敏感，并且计算简单。

表示颜色特征的方法有颜色直方图、颜色矩、颜色熵等。

（2）形状特征。形状是人类通过视觉识别物体时所需的关键信息之一，它不随周围环境的变化而变化，是物体较为稳定的信息。

形状特征的表示方法大致可以分为两类：基于轮廓的表示方法和基于区域的表示方法。基于轮廓的表示方法指对所包围的目标区域的轮廓进行描述，常用的方法有傅立叶描述符、链码、曲率尺度空间、边界矩等。由于其将区域内的形状当作一个整体来看待，可以有效地利用区域内的所有像素，因此受噪声和形状变化的影响比较小。基于形状区域特征的描述方法有偏心率、离散度、区域不变矩、角半径变换、几何不变矩等[②]。

（3）纹理特征。纹理是在图像的局部区域内表现出不规则性，但是在整体上表现出某种规律性的特征，它不依赖颜色和亮度的变化，是所有物体表面所共有的内在特性。

纹理特征的表示方法有统计法、结构法、模型法和频谱法。统计法主要利用像素间的局部相关性来刻画纹理，适用于分析山脉、森林等纹理细腻而且不规则的物体，典型的方法有灰度共生矩阵；结构法利用基元的排列规则性来分析纹理，适用于纹理基元较大并且规则的物体，如图模型法、树

① 孙兴华，郭丽．数字图像处理：编程框架、理论分析、实例应用和源码实现 [M]. 北京：机械工业出版社，2012：230–277.

② 孙顶君，赵珊．图像底层特征提取与检索技术 [M]. 北京：电子工业出版社，2009：22–197.

文法等；模型法采用模型的参数作为纹理特征，如随机场模型法；频谱法将纹理图像看成二维信号，使用滤波的方法进行分析，主要包括傅立叶变换、Gabor 变换和小波变换等。

2. 图像识别的方法

图像识别的常用方法有贝叶斯分类法、模板匹配法、核方法、集成学习方法、人工神经网络法等。

（1）贝叶斯分类法。通过提取图像的代表特征并计算后验概率来对图像进行分类。其主要基于概率和决策代价，依据贝叶斯公式，假设要分类的问题可以用概率的形式来描述，而且所有相关的概率都是已知的。其缺点是，有些时候，图像的代表特征并不能很好地被提取和描述，或者提取出来的特征不能很好地用于分类。

（2）模板匹配法。将样本与模板比较，判断是否匹配。要想检测某个目标，需要对其形状有一定的先验知识，以构造合适的模板。其缺点是，模板与未知样本匹配情况的好坏将取决于模板上各个单元与样本上的各个相应单元是否能较好地匹配。

（3）核方法。其是基于核函数的方法，典型的方法有支持向量机，其将原始数据转换到高维空间，利用多个超平面将数据划分为多个类。

（4）集成学习方法。集成学习是用一系列学习器进行学习，并通过某种准则把各个学习的结果进行整合，从而获得比单一学习器更好的学习效果的一种方法，如 bagging 算法、Adaboost 算法等。

（5）人工神经网络法。人工神经网络法主要分为学习阶段和分类阶段，在被识别的图像信息的引导下，网络通过学习，修改相关参数，从而提高了图像的分类准确率和速度，常用的人工神经网络有 BP 网络和 RBF 网络。

随着模式识别和机器学习的发展，一些新的思想，如稀疏编码、局部感受野、视觉信息的层次式处理等被引入特征提取的研究中，而一些方法，如基于神经网络的图像识别技术，取得了阶段性的进展。同时，深度学习在图像识别领域的应用取得了新的进展。

（二）图像识别技术研究进展

图像识别技术经过多年的发展，已经得到了越来越广泛的应用，如指纹识别、人脸识别、人脸表情识别、文字识别等。图像识别通过计算机对图像信息进行处理，理解图像的内容，以达到分类识别的效果。

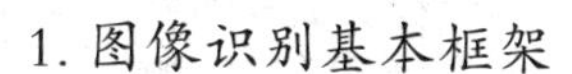

1. 图像识别基本框架

图像识别的基本框架如图 6-14 所示，可以分为训练和测试两个阶段：训练阶段对图像特征进行训练得到分类模型，测试阶段可以利用已训练模型得到识别结果。

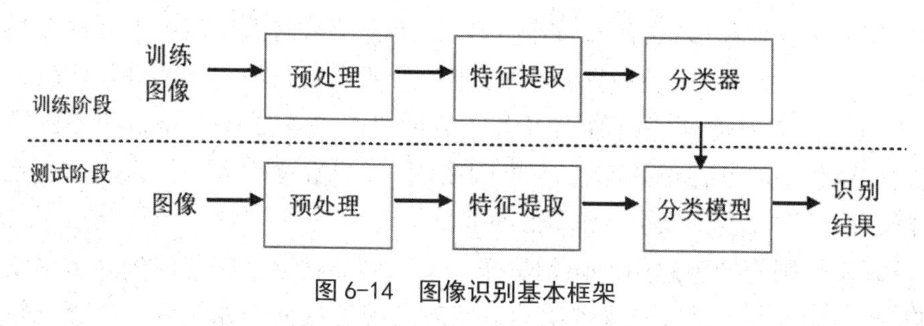

图 6-14　图像识别基本框架

2. 敏感图像识别研究进展

敏感图像识别是图像识别技术的重要应用之一。随着互联网技术的快速发展，图片已经成为重要的网络内容，然而这同时给色情（敏感）图像的传播带来了方便，敏感图像的蔓延严重影响了青少年的健康成长。

目前，人们已经提出很多种方法进行网络敏感图像的识别。最主流的方法是基于图像的内容自动识别敏感图像。这种方法不再需要人工参与，而是提取图像中丰富的视觉信息（如颜色、纹理等）来进行判断识别。基于内容的敏感图像识别技术又可以细分为三类。

第一类是基于图像规则的方法。根据事先规定好的规则或模型来判定是否为敏感图像。敏感图像复杂多变，人的肢体动作也没有固定的模式，这些都极易为图像理解带来困难，无法获得令人满意的识别结果。Yin 引入了一种肤色模型，可以滤除非肤色区域，该模型根据事先设计好的阈值，判断肤色区域是否大于此阈值，若大于则判断其是敏感图像，但是这样会导致很多非敏感图像被误判为敏感图像。这种方法虽然简单，但是一方面阈值的设定存在一定难度，另一方面当非敏感图像中存在较多肤色区域时，此类方法会出现错判。Forsyth 结合肤色检测和人体肢体检测设计了敏感图像的自动识别系统，该系统先使用颜色和纹理信息进行肤色区域检测，然后利用几何分析法检测肤色区域中的细长区域并把它们组合成可能的人体肢体，连接这些肢体结构以确定是否含有人体，若含有人体且肤色区域大于设定阈值，则判断其为敏感图像。该方法试图解决非人体区域肤色的干扰问题，但是这种通过人体肢体来判断是否为人体方法的效果不好，不但处理时间较长，而且识别率不高。

第二类是基于图像检索的方法，该方法首先构建出包含若干已标记的敏感和正常图像库，通过分析查询图像在数据库中的相似结果来判断图像类别。Shih 首先使用肤色检测得到可能敏感对象，然后对其分别提取 MPEG-7 颜色特征、纹理和形状特征，将这些特征组合起来与数据库中 100 幅图像已提取特征进行比较，将检索结果中敏感图像的个数与设定阈值进行比较，超过该阈值就认为是敏感图像。但由于敏感图像表现形式多样，种类更是繁多，构建完整的预标记图库存在很大困难，如果数据库太小，识别能力就会下降，而增大数据库又会增加识别时间。

第三类则是把敏感图像识别看作一个二分类问题（将图像分为敏感图像和非敏感图像），通过提取图像的一些底层视觉特征（如颜色、纹理、轮廓等）来表征敏感图像的内容，然后采用机器学习的方法对这些特征向量进行训练，得到分类模型，最后利用分类模型对图像进行识别。Geng 提出基于 ORB（oriented FAST and rotated BRIEF）特征的敏感图像识别算法，该算法先对图像进行粗检，排除大部分的正常图像后，然后提取肤色区域的 ORB 特征，接着采用 BOW（bag of words）模型生成词频直方图，与整幅图像的 72 维 HSV 颜色直方图组合起来形成最后的特征向量，最后使用支持向量机对特征向量进行分类。该方法不仅速度快，还具有较高的识别率。Wang 同样通过组合肤色分布特征和局部的纹理与相态特征，形成视觉单词，构成对敏感图像视觉单词上下文的多层描述，最后使用核方法特征进行判断。这种基于内容的敏感图像识别算法是目前主流的方法。这种方法虽然取得了较好的效果，但是特征选择通常是一个难题，研究人员需要具有一定的专业知识，通过大量的实验才能选择出有效的特征。

3. 车牌识别研究进展

车牌识别也是一个经典的图像识别问题。随着机动车数量的大幅增加，人们对交通控制、安全管理的要求也在提高，智能交通已经成为当前交通管理的发展方向。车牌识别是智能交通的核心技术之一，在治安卡口系统、交通规划 / 嫌疑车辆追踪等方面有着广泛的应用。

车牌识别过程如图 6-15 所示，一般包括车牌定位、字符分割和字符识别等几部分。车牌定位用于快速准确确定车牌的候选区域；字符分割主要将车牌区域中的字符分割成单个字符，因为最开始得到的车牌有可能倾斜，所

以还需要对车牌旋转校正；字符识别是解决分割后的单个字符识别问题，最终识别出连续的车牌字符。

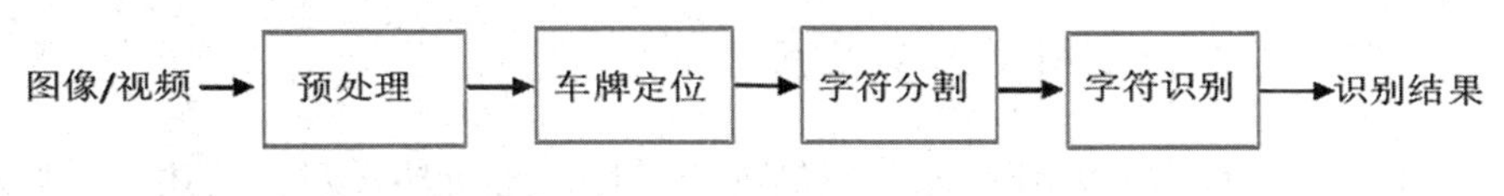

图 6-15　车牌识别整体过程

目前车牌定位技术有很多，但是在实际应用中会受到车牌倾斜、特殊天气等因素的影响，定位效果不太令人满意。冯国进等利用车牌的几何特征，设计了一种自适应投影的方法，用于车牌快速定位。在含有车牌的灰度图像中，该方法利用车牌水平垂直投影时的几何规律来定位。但是当车辆图像背景复杂时，定位效果并不理想。廖金周使用线性滤波器得到包含所有字符串的候选区域，然后通过精确投影来定位，要实现车牌的精确定位，需要对车牌的位置、车辆的背景做出一定的限制。还有一些方法，其利用数学工具得到了更好的效果，使用小波分析、遗传算法等优化结果。戴青云推出了基于形态学和小波分析的车牌定位算法，首选利用小波多尺度分解，得到了不同的边缘子图像，然后根据边缘子图像的水平低频和垂直高频进行车牌定位，最后再使用形态学方法对该车牌区域进一步处理，得到了精确结果。因为车牌的颜色固定为少数几种，且通常与车身颜色不同，因此有学者通过颜色分析来实现车牌定位。赵海艳提出利用颜色定位车牌的方法，首先对图像进行颜色增强，定位然后图像中的同车牌颜色。该方法一般易受光照的影响。

字符分割在车牌识别中十分重要，直接影响字符识别的精度。而字符分割又受到车牌倾斜情况的影响，如果车牌没有倾斜，利用字符与字符之间的间隔，使用边缘检测等图像处理方法可以分割字符；如果车牌存在倾斜，那么首先需要对车牌进行方向校正，然后再进行字符分割。经典的字符分割是基于图像特征的，如字符之间的间隔、字符大小、垂直投影特征和连通元特征等。Casey 首先对车牌区域进行垂直投影，得到了若干小的预选字符区域，然后把间隙小的相邻区域合并。冯文毅等利用快速连通区域形状分析方法进行车牌字符切分。潘小露利用基于投影的车牌定位切分方法。

字符识别是对分割后的单个字符进行识别。车牌中含有汉字、英文字母和数字，识别这些类别可被看作模式识别问题。目前最常用的字符识别方法是模板匹配方法，该方法通常先提取字符特征，如直方图、轮廓和几何不变矩等特征，然后通过特征之间的匹配或者特征判断来识别字符。我国收费站和门禁系统中使用的车牌识别系统一般采用的都是模板匹配的方法。

（三）基于 CRNN 的车牌识别

车牌识别技术已经在车站收费站和小区门禁等场所被广泛使用，这些场场都要求车辆停靠在固定地点，车牌的位置大概固定，受环境影响较小，可以获得较高的识别准确率。但是，在一些复杂的场景下，如治安卡口系统，因其受到光照、拍摄角度、噪声等因素的影响，车牌识别准确率迅速下降，难以令人满意。车牌是车辆身份的唯一标识，准确识别出车牌对智能交通系统来说至关重要。

传统的车牌识别技术主要包括三个部分：车牌检测、字符分割和字符识别。对车牌进行检测后，需要对倾斜车牌进行校正。校正过程与最终的车牌识别结果密切相关，如果车牌未被正确校正，那么进行车牌切割时就不能得到完整的字符，直接影响车牌识别的准确率。另外，传统的车牌识别算法将字符分割和车牌识别分别处理，然而这两个过程又是密切相关的。在车牌识别过程中，将单个字符识别结果组合作为整个车牌的识别结果。无论采用哪一种机器学习方法，每一个字符都会有一个识别率，但是车牌包含七个字符，如果一个字符出现识别错误，则整个车牌识别错误，这将直接导致车牌识别准确率的大幅下降。

基于以上问题，本节提出了一种基于 CRNN 的车牌识别算法，该算法不再进行车牌字符分割，将车牌识别作为字符序列识别问题，而是把图像中检测到的车牌作为一个整体进行识别，给出最后的识别结果。

1. 基于 CRNN 的车牌识别整体框架

基于 CRNN 的车牌识别算法主要包含两个部分：车牌定位和基于 CRNN 网络模型的车牌识别。该方法将传统车牌字符分割和字符识别过程合并起来，使用 CRNN 网络对车牌字符序列进行识别。

2. 基于 CRNN 的车牌定位

车牌图像的边缘信息非常丰富而且有一定规律，和车身其他地方不同，所以本节采用基于边缘信息进行车牌定位的方法。下面将详细介绍。

车牌定位的流程图如图 6–16 所示，首先提取整幅图像的边缘信息，其次从这些边缘信息中提取边缘外接轮廓。

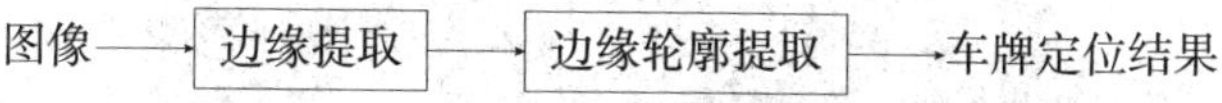

图像 → 边缘提取 → 边缘轮廓提取 → 车牌定位结果

图 6-16　车牌定位流程图

（1）边缘提取。使用 Sobel 算子就可以得到车牌的边缘信息。但是为了排除车身其他区域可能造成的干扰，本节首先对图像进行了高斯模糊，然后进行灰度化处理，最后提取 Sobel 边缘信息。

图像的高斯模糊可以消除图像的噪声。它是一种两维的卷积模糊操作，相当于一种低通滤波器，会除去细节保持图像的整体不变性。公式（6–21）所示的是两维高斯分布函数：

$$G(x,y)=\frac{1}{2\pi\delta^2}e^{-\frac{x^2+y^2}{2\delta^2}} \tag{6–21}$$

Sobel 算子计算图像的一阶导数，Laplace 算子则计算图像的二阶导数，可以检测出图像的边缘信息，但是该算子不区分水平与垂直方向。车辆的前端包含大量的水平边缘，如进气格栅、车灯等。所以本节只利用 Sobel 算子进行水平方向的求导，用于检测垂直边缘信息，以水平边缘对检测结果的影响。图 6–17 所示的是 Sobel 算子 G_x 卷积模板，用来计算垂直边缘。图 6–18 至图 6–21 所示的是原始图像以及对车辆图像进行高斯模糊处理、灰度处理和边缘提取后的图像。

-1	0	1
-2	0	2
-1	0	1

图 6–17　Sobel 算子 G_x 卷积模板

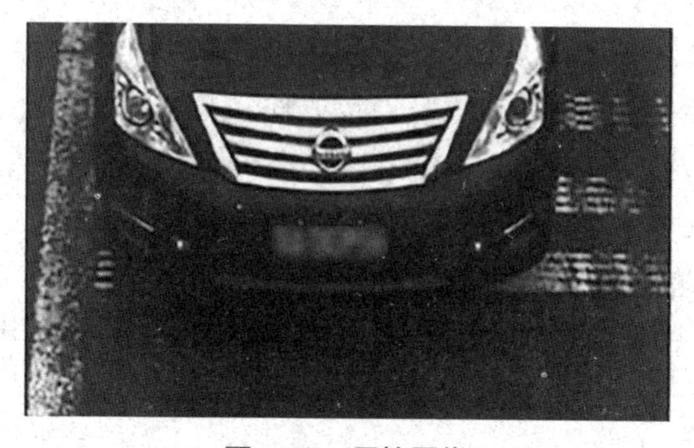

图 6–18　原始图像

图 6-19　高斯模糊后的图像

图 6-20　灰度处理图像

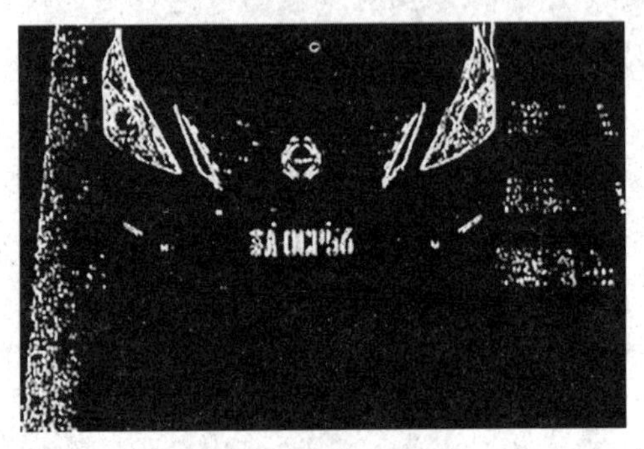

图 6-21　边缘提取图像

（2）车牌轮廓提取。从边缘提取图像中进一步提取矩形车牌轮廓。首先利用形态学闭运算，使相邻的边缘连接成块，再计算块的外界矩形，鉴于可能有很多不符合规则的矩形，所以最后再进行筛选。

运用形态学主要是为了获取物体的拓扑和结构信息，通过物体和结构元素相互作用的某些运算，得到物体更本质的形态。形态学操作主要包含膨胀、腐蚀、开运算和闭运算等。这些操作都是通过形态学中的结构元来实现对图像的探测的。结构元主要有非平坦和平坦两种，在图像上移动结构元可

实现结构元与该区域图像的集合运算，从而实现不同操作。在灰度图像中，膨胀可以使图像扩大，腐蚀可以使图像缩小。开运算是先进行腐蚀然后进行膨胀运算，一般使图像对象的轮廓变得光滑，断开狭小的间隙，消除细长的突出物。闭运算首先对图像进行膨胀，再进行腐蚀操作，它可以消除图像的狭窄的间隙和细长的鸿沟及孔洞，并可以填补轮廓上的间断。

在对车牌图像进行边缘提取以后，本节选择图像形态学中的闭运算来获取车牌的区域，它可以将边缘提取图像中相邻的边缘组成区域，获得图像的区域轮廓。

进行闭运算操作后，图像会产生很多非车牌的干扰区域，如地面、车灯、进气格栅等小块区域，因此需要进一步排除这些干扰。本节使用尺寸验证，设置区域面积的最大值和最小值，判断所有的轮廓外接矩形的面积是否在该区域内，如果在该范围，则保留并进一步判断，如果不在，则直接排除。图 6-22 是图像轮廓提取结果，图 6-23 为验证处理后得到的车牌候选区域结果。由于检测到的车牌可能存在倾斜，一般先要对车牌角度进行校正，但是车牌的角度预测存在一定的难度，往往只能预测到上下的倾斜，而对左右和内外的旋转预测不足，直接造成角度的校正不准，对以后的分割造成严重的影响，进而影响车牌的识别。

图 6-22　轮廓提取结果

图 6-23　验证处理结果

3. 基于 CRNN 的车牌识别

本节利用 CRNN 网络进行车牌的识别。CRNN 集成了 CNN 和 RNN 两种网络的优点。本节用 CRNN 实现对车牌中的字符序列的整体识别，这种方法可以像 CNN 一样学习图像的特征表示，而不需要对字符进行切割，从而避免了车牌切割对识别造成的影响，同时可以像 RNN 一样对序列字符进行识别，直接得到识别结果。

（1）CRNN 网络结构。CRNN 的网络结构主要包含三个部分：卷积层、循环层和转换层。

第一部分，卷积层。卷积层位于网络最底部，用来提取特征序列。由于此处只是提取特征，因此不再需要 CNN 中的全连接层。把图像输入这些卷积层后，网络逐层提取特征，到最后一层，网络会形成从左往右的特征向量，这些特征向量表示了从左往右的字符的特征。这些特征将被输入循环层进行下一步处理。

第二部分，循环层。它是由双向深度循环网络组成。循环层对特征序列进行预测，将每一个序列预测为一个标签。相对于以前单个字符单独识别算法，RNN 可以利用序列之间的关系识别序列。

传统的 RNN 是一种输入和输出之间的隐含层具有自连接的结构网络，每一个单元的预测值不仅和它的输入有关，还和它以前的状态有关。例如，中间的隐含层接收到信号 x_t，更新它的中间状态 h_t，使用非线性函数接受输入信号和它以前的状态信号 h_{t-1}，h_t 可以表示成 $f(x_t, h_{t-1})$。这样的话，以前的输入信号也可以用来进行当前的训练。但是，传统的 RNN 网络在训练时会出现梯度消失的问题，这也就增加了网络训练的难度。

一种特殊的 RNN 网络类型——长短时记忆网络（long-short term memory，LSTM）可用来解决这一问题。相较于标准的 RNN 重复模块（图 6-24），LSTM 的重复模块具有更复杂的结构（图 6-25）。

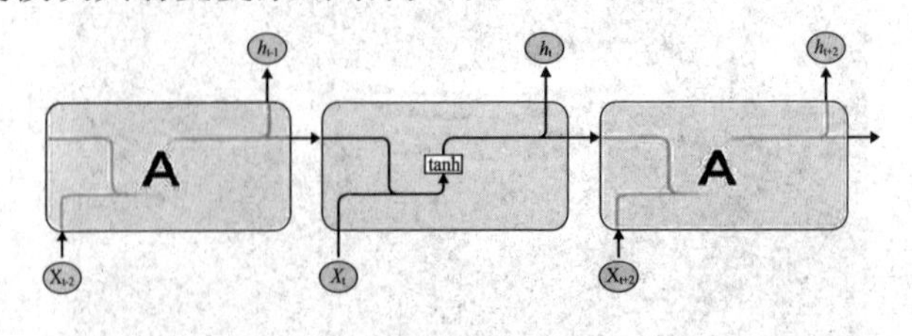

图 6-24　RNN 中重复模块

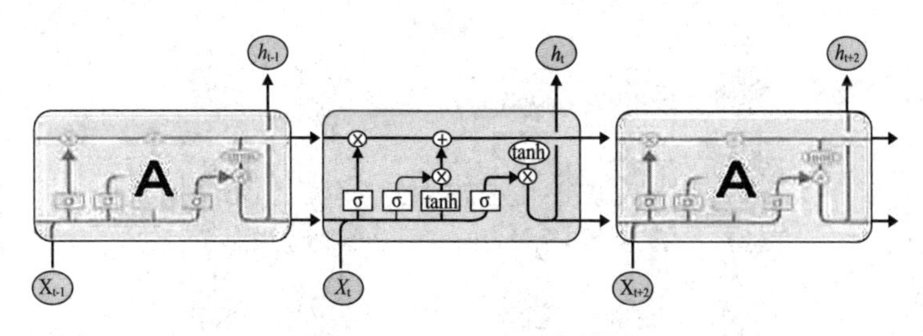

图 6-25　LSTM 中重复模块

LSTM 有四个基本部分，它的基本单元结构如图 6-26 所示，主要包含一个 Cell 单元和三个门限单元，Cell 单元用来保存输入 x_t 和之前保存的状态信息 h_{t-1}，LSTM 拥有对增加或者移除 Cell 信息的能力，这些能力是通过门限来获取的。在 LSTM 中有三种门限，分别是输入门限、输出门限和遗忘门限。输入门限、输出门限可以储存上下文信息，而遗忘门限可以将储存的信息选择性地舍弃。

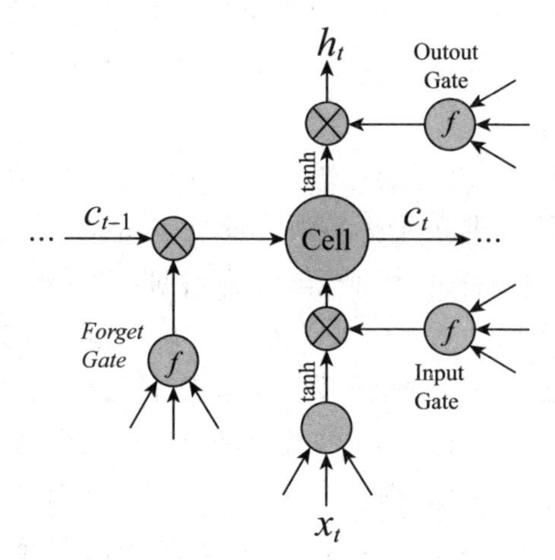

图 6-26　LSTM 基本单元结构

LSTM 神经元只是和过去时刻的信息有关，但是在基于图像序列的任务中，每一个图像单元的输出不仅和前面的输入有关，还和后面的输入有关。综合这些信息可知，前后信息的互补可以提高整体的识别率。因此，本节将两个 LSTM 结合起来，一个用来和前向相关，另一个用来与后向相关。同时，将这些双向的 LSTM 结合起来，形成深度结构，提取更高层次的语义特征，如图 6-27 所示。

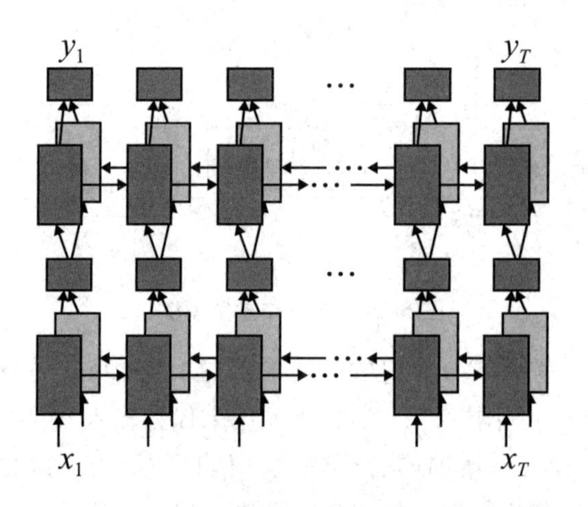

图 6-27　双向 LSTM 深度结构

第三部分，转换层。转换层可从循环层预测的标签中识别出最后的车牌字符，可以将该层看作已知预测标签下最高的条件概率输出结果。连接时间分类（connectionist temporal classification，CTC）可以不分割序列标签而直接预测结果。

假设得到的预测序列标签为 $y=y_1$，…，y_T，最后的识别结果为条件概率 p（$l|y$），这种方式不需要单个标签所在的位置信息，可直接利用序列预测标签得到识别结果，最后再使用似然函数估计训练网络。

预测的条件概率如公式（6-22）所示，其中输入序列 $y=y_1$，…，y_T，T 代表预测的序列长度，而每一个预测 y_t 都属于预先定义的标签范围 L，其中还包含空标签。β 代表序列到序列的映射函数，输入序列为 $\pi \in L^T$，输出为 I，那么 β 即为 π 到 I 的映射函数。π 的概率被定义为 P（$\pi|y$），它可以由公式（6-23）计算，其中 $y_{\pi_t}^t$ 表示在时刻 t 时标签为 π_t 的概率。

$$P(l/y)=\sum_{\pi:\beta(\pi)=1}P(\pi/y) \tag{6-22}$$

$$P(\pi/y)=\prod_{t=1}^{T}y_{\pi_t}^t \tag{6-23}$$

（2）网络训练。使用随机梯度下降算法进行网络训练，需要根据样例对每次梯度进行估计，最后使用误差回传算法进行误差校正。网络结构主要包含三个部分，不同的部分采用不同的训练方法。具体来说，转换层采用前向－后向算法（forward–backward algorithm），循环层使用 BPTT 算法，卷积层采用 CNN 训练方法。此处重点说明前向－后向算法如何训练网络。

我们希望得到每一个标签的概率 $P(l/y)$，这种情况与 HMM 中的前向 - 后向算法类似。该算法的核心思想是预测到的标签概率可以迭代分散于具有该标签的前缀路径中，可以通过前向和后向变量有效地计算迭代。

前向变量的计算如下：

$$\alpha_t(s) \overset{\text{def}}{=} \sum_{\substack{\pi \in N^T \\ \beta(\pi_{1:t})=l_{1:s}}} \prod_{t'}^{t} y_{\pi_{t'}}^{t'} \tag{6-24}$$

其中，$\alpha_t(s)$ 表示 s 个输入在时刻 t 的整体概率；l 表示标签。

前向变量的迭代：

$$\alpha_t(s) = \begin{cases} \bar{\alpha}_t(s) y_{l_s}^t; \quad l'_s = b 或 l'_{s-2} = l'_s \\ \left[\bar{\alpha}_t(s) + \alpha_{t-1}(s-2)\right] y_{l_s}^t \end{cases} \tag{6-25}$$

其中，$\overline{\alpha_t}(s) = \alpha_{t-1}(s) + \alpha_{t-1}(s-1)$。

后向变量 $\beta_t(s)$ 表示标签 $l_{s:l}$ 在时刻 t 的整体概率，计算与前向类似：

$$\beta_t(s) \overset{def}{=} \sum_{\substack{\pi \in N^T \\ \beta(\pi_{1:t})=l_{s:i}}} \prod_{t'=t}^{T} y_{\pi_t'}^{t'} \tag{6-26}$$

$$\beta_t(s) = \begin{cases} \bar{\beta}_t(s) y_{l'_s}^t \ ; \quad l'_s = b 或 l'_{s+2} = l'_s \\ \left[\beta_t(s) + \alpha_{t-1}(s+2)\right] y_{l'_s}^t \end{cases} \tag{6-27}$$

其中，$\overline{\beta_t}(s) = \beta_{t+1}(s) + \beta_{t-1}(s+1)$。

有了上述两种推导，可以得到在 t 时刻，隐藏在观察序列下最可能的状态，使用极大似然估计：

$$f = -\sum_{(y,z)\in s} \ln\left[P(z|\ y)\right] \tag{6-28}$$

使用前向和后向变量对该式化简，可以得到

$$P(l|\ y) = \sum_{s=1}^{|l'|} \frac{\alpha_t(s)\beta_t(s)}{y_{l_s}^t} \tag{6-29}$$

（3）网络实现。本章所采用的 CRNN 网络结构参数见表 6–15 所列，该网络共有五层卷积，两个双向 LSTM 网络的级联，其中参数表示形式 $a \times b \times c$ 表示该层网络含有 a 个特征图，每一个特征图的大小是 $b \times c$。

表 6-15　CRNN 网络结构参数

类　型	参　数
双向 LSTM	256
双向 LSTM	256
卷积 5	512×12
最大下采样 4	512×13×2
卷积 4	512×13×4
最大下采样 3	256×12×4
卷积 3	256×25×8
最大下采样 2	128×25×8
卷积 2	128×50×16
最大下采样 1	64×50×16
卷积 1	64×100×32
输入	100×32

二、深度学习在图像分类中的应用

（一）基于内容的图像检索

1. 基于内容的图像检索系统结构

基于内容的图像检索主要分为两大模块：特征提取模块和查询模块，如图 6-28 所示。

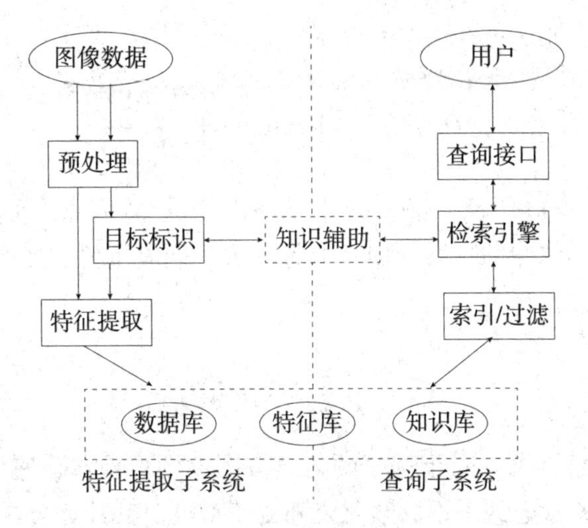

图 6-28　CBIR 系统结构

第一，预处理。一般情况下，图像有各种不同的格式和尺寸，所以在图片进入检索系统之前要先对其进行规格化。

第二，目标标识。通常，面对一幅图片，我们关注的并不是整张图片，而是其中的某一个物体或者某一区域。如果能对该物体或该区域进行标识，就可以有针对性地进行特征提取，进而减少检索时间，提高准确率。

第三，特征提取。这是基于内容的图像检索系统的核心，也是最难的部分，包括对图像纹理、颜色、形状等视觉特征和语义特征的提取。

第四，数据库。由特征库、图像库和知识库组成。图像库是用来存放数据化、规格化后的图像信息的，从图像库里提取的各内容特征存储在特征库中，有利于查询优化和匹配的专门和通用知识在知识库中。

第五，查询接口。这是一个用户界面，用户可以使用该接口输入图片信息和浏览返回的检索结果。

第六，检索引擎。这是一个可靠的相似性测度函数集，用直方图相交法、距离法来度量图像特征之间的相似性。

2. 相似性度量

不同于基于文本的图像检索技术中的精确匹配，在基于内容的图像检索中，图像之间的相似性是通过相似度进行匹配的。也就是说，我们计算的是查询图像与候选图像之间在视觉或语义特征上的相似度。常用的相似性度量方法有余弦距离、Minkowski 距离、二次型距离、直方图相交距离。

（1）余弦距离。余弦距离是用向量空间中两个向量的夹角余弦值作为衡量个体间差异大小的度量，公式如下：

$$D_{\cos}(Q,T)=1-\cos\theta=1-\frac{h_q^T h_t}{\left|h_q\right|\left|h_t\right|} \tag{6-30}$$

（2）Minkowski 距离。Minkowski 距离是衡量数值点之间距离的一种常见方法。如果图像中的各特征向量分量无关且同等重要，那么两个向量间的距离可以用下式计算：

$$D(Q,T)=\left[\sum_{i=0}^{M-1} h_q[i]-h_t[i]^r\right]^{1/r} \tag{6-31}$$

（3）二次型距离。对于基于颜色直方图的图像检索，使用该方法较好，因为二次型距离考虑到了不同颜色之间的相似度。其计算公式如下：

$$D(Q,T)=D_4^2=\left(h_q-h_i\right)^T A\left(h_q-h_i\right) \tag{6-32}$$

其中，$A=|Aij|$，Aij 表示 hq 中第 i 个元素 $hq[i]$ 与 hi 中第 j 个元素的相似程度。

（4）直方图相交距离。直方图相交距离是用来度量直方图间的距离的，公式如下：

$$D(Q,T)=1-\sum_{i=0}^{M-1}\min\left(h_q[i],h_t[i]\right)/\min\left(\sum_{i=0}^{M-1}h_q[i],\sum_{i=0}^{M-1}h_t[i]\right) \tag{6-33}$$

3. 评判标准

我们知道，任何一项技术都有其评价标准，好的评价标准会引导该技术朝着正确的方向发展。基于内容的图像检索的性能评判标准一般考虑两个方面：效率和准确率。效率指检索速度，这就要求在设计系统时应考虑选取何种特征以及匹配的复杂度；准确率指查找相似图像的成功率，要想达到较高的准确率就要有一个高效的匹配算法。目前，基于内容的图像检索评判标准更多地放在检索准确率上，常用的评价方法有准确率和查全率、匹配百分数和排序评价法。

（1）准确率和查全率。评价基于内容的图像检索比较常用的两个指标是准确率与查全率，它们也是信息检索中常用的评价方法。其计算公式如下：

$$\text{准确率}=\frac{\text{检索结果中返回的相关图像数}}{\text{检索结果中的总图像数}}\times 100\% \tag{6-34}$$

$$\text{查全率}=\frac{\text{检索结果中返回的相关图像数}}{\text{图像库中的总相关图像数}}\times 100\% \tag{6-35}$$

检索算法越好，这两个指标越高，但是一般情况下，这两个指标很难同时达到最优，准确率高的时候，查全率就低；查全率较高的话，准确率就不会很高，所以一般的检索系统只要求这两者达到一个最优平衡就可以了。

（2）匹配百分数。准确率和查全率需要人工在图像库中找出与查询图像相似的图像集，这就需要耗费大量的人工劳动。而匹配百分数是将一幅图像分为两个不重叠的子图像，其中一幅作为查询图像，另一幅作为目标图像，然后计算目标图像在检索结果中的排位[①]，其计算公式如下：

$$M=\frac{N-S}{N-1}\times 100\% \tag{6-36}$$

式中，S 表示目标图像在所有返回结果中的排位；N 表示检索系统返回的总的图像数目。该评价方法简便易行，但是缺点是只考虑了一幅图像的检索情况，不太全面。

（3）排序评价法。在该方法中，设系统返回总的图像数为 N，返回的相关图像数为 N_R，相关图像的排序序号为 ρ_r，实际相关图像数为 N_A，则评价参数如下。

系统返回的相关图像的平均排序：

$$K_1=\frac{1}{N_R}\sum_{r=1}^{N_R}\rho_r \tag{6-37}$$

理想情况下相关图像的平均排序：

$$K_2=\frac{N_A}{2} \tag{6-38}$$

未返回的相关图像率：

$$M=\frac{N_R}{N_A} \tag{6-39}$$

K_2 代表的是理想情况，所以 K_1 越接近 K_2，就表明检索算法越好。

上述评价方法可以在某种程度上评价系统的检索性能，却不一定能充分反映系统的性能，因为每个人对不同的事物有不同的观点和看法。事实上，即使不考虑主观因素，图像检索准确率也与图像数据库有很大关系，用同一评价方法对同一算法在不同的数据库中的检索效果进行评价，其结果都可能会存在比较大的差异。

---

① 夏定元.基于内容的图像检索通用技术研究及应用 [D]. 武汉：华中科技大学，2004.

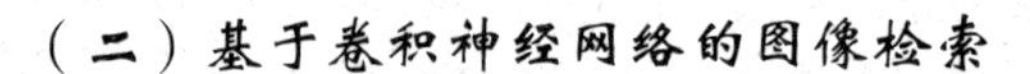

1. 图像预处理

本部分所用到的数据是 Corel 图像库，并且为了训练方便，将其转换为 48 × 48 大小的图像。然后，我们从图像库的图片中随机截取 5 × 5 大小的图像小块，以此作为最初的训练数据。

2. 卷积神经网络模型及其训练过程

本部分所使用的卷积神经网络的模型与 LeNet-5 模型大体一致。该网络模型用于 MNIST 手写数字识别任务。输入数据为 32 × 32 大小的手写字符图像矩阵，第一个特征图层 *C*1 包含 6 个特征图，采用 5 × 5 的窗口对输入图像进行卷积操作，得到每个特征图的大小为 28 × 28。第一个下采样层 *S*2 是针对 *C*1 层下采样得到的结果，6 个特征图的大小为 14 × 14。*C*3 为第二个卷积层，卷积核大小同为 5 × 5，并且 C3 层是由 S2 层的若干个特征图组合连接得到的，其连接方式如图 6-29 所示。*S*4 层是 *C*3 层下采样的结果。*C*5 层采用全连接的方式对 *S*4 层所有特征图做卷积操作，共包含 120 个大小为 1 × 1 的特征图，特征抽取完成。随后将 *C*5 层连接到一个分类器中，得到一个 1 × 10 的输出结果。

	0	1	2	3	4	5	6	7	8	9	10	11	12	13	14	15
0	X				X	X	X			X	X	X	X		X	X
1	X	X				X	X	X			X	X	X	X		X
2	X	X	X				X	X	X			X		X	X	X
3		X	X	X			X	X	X	X			X		X	X
4			X	X	X			X	X	X	X		X	X		X
5				X	X	X			X	X	X	X		X	X	X

图 6-29　LeNet-5 中 *C*3 层与 *B*2 层的连接方式

（1）网络模型。LeNet-5 网络模型是针对手写字符识别而设计的，因此该网络包括输入层、隐含层、输出层以及相应的预处理过程。该网络不适合直接应用于其他识别任务中，我们必须根据具体的识别任务，重新构建网络模型，并通过大量实验确定合适的网络参数。

构建两种网络模型，并对模型一（Cnn-1）做了以下几点改进：①生成卷积层时所用的滤波器是通过自编码器训练产生的；②采用 Sigmoid 函数作为激活函数（LeNet-5 网络采用 tanh 函数作为激活函数）；③增加 *C*1 层卷

积核个数至36个，即$C1$、$B2$层有36个特征图；④高层卷积特征图的组合改为随机组合的方式，使$C3$和$B4$得到73个特征图；⑤将$C5$层卷积核个数更改为100个；⑥除去高斯连接层，改用softmax分类器连接；⑦学习速率设为0.001。

其中，$C3$层与$B2$层的连接方式见表6-16所列。

表6-16　Cnn-1中$C3$层与$B2$层的连接方式

$C3$	0~15	16~31	32~47	48~63	64~71	72
$B2$	6个随机特征图	12个随机特征图	18个随机特征图	24个随机特征图	30个随机特征图	36个随机特征图

本部分构建的网络模型二（Cnn-2）在模型一（Cnn-1）的基础上做了以下修改：减少滤波器个数为16个，即$C1$、$B2$层有16个特征图；更改$C3$层与$B2$层的连接方式，见表6-17所列，使$C3$和$B4$得到49个特征图。与模型一相比，模型二的滤波器数量减少，其网络可训练参数也将大幅减少，表达能力减弱。

表6-17　Cnn-2中$C3$层与$B2$层的连接方式

$C3$	0~15	16~31	32~47	48
$B2$	4个随机特征图	8个随机特征图	12个随机特征图	16个随机特征图

（2）网络模型一的优化。本小节将对模型一（Cnn-1）进行优化，具体操作是改变网络的学习速率。分别把网络的学习速率设置为0.000 5和0.000 2，然后通过实验检验系统性能。

（3）学习算法。此卷积神经网络采用逐层贪婪训练方法进行训练。

第一，学习第一层卷积层。①从图像库中随机提取100 000个5×5大小的图像块，将每个图像块的像素数据归一化为0到1的值，并分别映射为长度为5×5×3=75的一维向量。②构建包含一个输入层、一个输出层和一个隐藏层的自编码神经网络，其中输入层和输出层节点数为75，隐藏层节点数为36。③采用批量梯度下降算法训练此自编码器，得到36个隐藏节点的连接参数，每个隐藏节点参数组成一个特征卷积核。④使用所得的36个卷积核与样本图像做卷积运算，每个样本图像都可以得到$C1$层36个特征图，大小为 44×44。⑤对上一步骤所得 d 特征图做尺度为 2 的降采样运算，即对特征图中 2×2 邻域求和，并加上一个偏置项，最后再通过 Sigmoid 函数激活，这样得到 $B2$ 层 22×22 大小的降采样特征图。

第二，学习第二层卷积层。①从每张图片在 $B2$ 层产生的 36 个特征图中重新提取 5×5 大小的样本块作为训练数据。②构建包含一个输入层、一个输出层和一个隐藏层的自编码神经网络，其中输入层和输出层节点数为 75，隐藏层节点数为 73。③采用批量梯度下降算法训练此自编码器，得到 73 个隐藏节点的连接参数，每个隐藏节点参数组成一个特征卷积核。④使用步骤③产生的卷积核对相应的 $B2$ 层特征图做卷积运算，生成相应的特征图。例如，第 0 个卷积核与随机选取的 6 个 $B2$ 层特征图分别做卷积运算，得到相应的 6 个特征图，然后将这 6 个矩阵相加得到新矩阵，并对新矩阵中每个元素加上一个偏置项，且通过 Sigmoid 函数激活，即可得到最终的第 0 个特征图。依照同样的方法，可获取 $C3$ 层 73 个 18×18 大小的卷积特征图。⑤对上一步骤得到的特征图做尺度为 2 的降采样运算，可得到 $B4$ 层 73 个 9×9 大小的降采样特征图。

第三，学习第三层卷积层。①从每张图片在 $B4$ 层产生的 73 个特征图中重新提取 5×5 大小的样本块作为训练数据。②构建包含一个输入层、一个输出层和一个隐藏层的自编码神经网络，其中输入层和输出层节点数为 75，隐藏层节点数为 100。③采用批量梯度下降算法训练此自编码器，得到 100 个隐藏节点的连接参数，每个隐藏节点参数组成一个特征卷积核。④使用步骤③产生的卷积核对相应的 B4 层特征图做卷积运算，生成相应的 100 个 5×5 大小的特征图。

3. 特征提取与匹配

（1）特征提取。卷积神经网络是一个多层的神经网络，可分为卷积层和降采样层。每一层可能包含多个二维特征图，每个特征图都由多个独立神经元组成。其中，卷积层的特征图上每一个神经元都与上一层的特征图的“局部感受野”相连，而且同一特征图上的每个神经元的连接权值都是相同的，即权值共享。卷积层的神经元在与前一层局部感受野相连时，提取了该局部的特征，如边缘特征、方向特征等，同时该局部特征与其他特征间的位置关系也随之确定下来。只有当上一层特征图的特定位置上的数据符合特定的结构时，这一层中检测该种特征的滤波器才能被激活，并把激活信息记录在相应位置上。在同一个卷积层中，不同的特征图代表它提取了不同的特征。

卷积运算就是用代表某一特征的卷积核作为特征探测器到原图像中检测相应特征，并把结果保存在卷积特征图中，卷积过程示意图如图 6-30 所示。

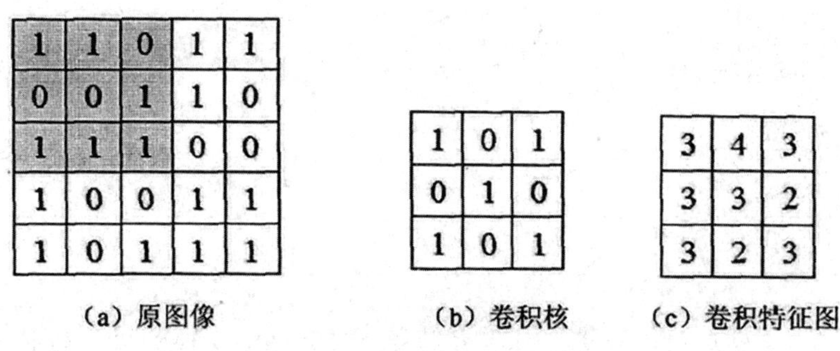

图 6-30　卷积运算过程示意图

我们可以将第一个卷积层所学习到的特征可视化。

降采样层则是通过对卷积层特征图做局部平均计算来进行特征的二次提取的，这个过程既能降低特征维数，又可以使网络在识别时对发生平移、旋转的输入样本有较强的鲁棒性。

在深度卷积神经网络中，输入图像数据通过不同层次的卷积和降采样操作，提取了不同阶层的特征。由于低阶层特征对图像的表达能力有限，我们不将其应用于图像检索，而是把第三层的卷积特征图作为图像的最终特征，即 100 个 5×5 大小的特征图，可映射成长度为 2 500 的一维特征向量。

（2）特征匹配。采取无加权的欧式距离作为相似性度量标准。假设 f_a 与 f_b 分别为图像 a 与图像 b 的特征向量，欧式距离表示如下：

$$D(a,b)=\sqrt{\sum_{i=0}^{N-1}\left[f_a(i)-f_b(i)\right]^2} \tag{6-40}$$

4. 实验结果

使用图像库数据训练所构建的三个卷积神经网络，并将其应用于图像检索系统中。通过与传统图像检索系统及基于栈式自编码神经网络的图像检索系统对比，分析卷积神经网络在图像检索系统中应用性能的优劣。

（1）Cnn-1 在图像库上的实验结果。Cnn-1 在图像检索系统中的平均检索准确率和平均查全率见表 6-18 所列。

表 6-18　Cnn-1 在图像库上的实验结果

方　法	平均准确率	平均查全率
Cnn-1	70.3%	66.4%
栈式自编码神经网络	68.5%	63.7%
颜色矩	58.5%	51.1%
灰度共生矩阵	62.4%	56.6%
SIFT	66.6%	58.1%

对比实验结果可以看出，基于卷积神经网络的图像检索系统的平均准确率达到了 70.3%，平均查全率达到了 66.4%，相比于栈式自编码神经网络有了一定的提高。

（2）Cnn-2 在图像库上的实验结果。Cnn-2 网络模型二在图像检索系统中的平均检索准确率和平均查全率见表 6-19 所列。

表 6-19　Cnn-2 在图像库上的实验结果

方　法	平均准确率	平均查全率
Cnn-2	67.6%	64.5%
Cnn-1	70.3%	66.4%
栈式自编码神经网络	68.5%	63.7%
颜色矩	58.5%	51.1%
灰度共生矩阵	62.4%	56.6%
SIFT	66.6%	58.1%

Cnn-2 通过减少每一层学习的特征数来检验网络性能，对比实验结果发现，其检索平均准确率和平均查全率分别达到 67.6% 和 64.5%，与栈式自编码神经网络的性能较为接近，但是与 Cnn-1 相比有所下降。在减少了特征图个数后，网络还能较好地捕捉输入图像数据中的特征信息，进而实现较好的特征表示。同时，缩小网络规模可以使网络的训练时间得到合理缩短，从而提高网络的适用性。

（3）优化的 Cnn-1 在图像库上的实验结果。优化的 Cnn-1 在图像检索系统中的平均检索准确率和平均查全率见表 6-20 所列。

表 6-20　优化的 Cnn-1 在图像库上的实验结果

方　法	平均准确率	平均查全率
Cnn-1（σ=0.000 5）	72.1%	67.6%
Cnn-1（σ=0.000 2）	74.7%	70.4%
栈式自编码神经网络	68.5%	63.7%
颜色矩	58.5%	51.1%
灰度共生矩阵	62.4%	56.6%
SIFT	66.6%	58.1%

实验目的在于通过调整网络学习速率优化网络对特征的学习效果。学习速率是使用梯度下降算法训练参数的每一次迭代中调整网络调整的步伐的重要参数。学习速率较大时，网络训练过程收敛得快，但所得参数精度较低；相反，学习速率较小时，网络训练过程收敛得慢，但可以获得精度更高的参数。将 σ 分别调整为 0.000 5 和 0.000 2 后，系统的性能得到了一定的提高，同时训练时长也相应增加，见表 6-21 所列。

表 6-21　Cnn-1 在不同学习速率下的训练时长

方　法	训练时长 /h
Cnn-1（σ=0.001）	10.5
Cnn-1（σ=0.000 5）	16.4
Cnn-1（σ=0.000 2）	20.8

第三节　深度学习技术在多模态学习中的应用

一、多模态：文本和图像

文本和图像可以进行多模态学习的根本原因是它们在语义层面是相互联

系的。我们可以通过对图像进行文本标注来建立两者之间的关系（作为文本和图像多模态学习系统的训练数据）。如果相互关联的文本和图像在同一语义空间共享同一表示，那么系统可以推广到不可见的情况。无论是文本还是图像缺失，我们都可以用共享的表示去填补缺失的信息。换言之，多模态学习可以使用文本信息进行图像/视觉识别。

由 Frome 等提出的深层体系结构 DeViSE（深度视觉语义嵌入模型）是利用文本信息来提高图像识别系统性能的多模态学习的典型示例，这种体系结构尤其适合零样本学习。当物体的类别太多时，很多图像识别系统是不能正常运转的，部分原因是随着图像的类别数量增加，获取足量带有文本标签的训练数据也越来越难。DeViSE 系统旨在利用文本数据去训练图像模型。通过带有标注的图像数据以及从没有标注的文本中学习到的语义信息来训练一个联合模型，然后利用训练好的模型对图像进行分类。图 6-31 中间部分是对 DeViSE 体系结构的一个图解，表 6-22 为图中词语翻译对照表。用较低层的两个模型预训练得到的参数对 DeViSE 进行初始化，这两个模型分别是图中左侧部分用于图像分类的深度卷积神经网络和图中右侧部分的文本嵌入模型。图中标记为“核心视觉模型”的深度卷积神经网络部分通过标记为“转换”的投影层和一个相似度度量进一步学习如何预测词嵌入向量。训练阶段所采用的损失函数是内积相似度以及最大边界的结合体。内积相似度是余弦损失函数的非归一化形式，目的是训练 DSSM 模型。结果表明，由文本提供的信息提高了零样本预测的准确性，使成千上万在模型中未曾出现的标签的命中率有了很大提高（接近 15%）。

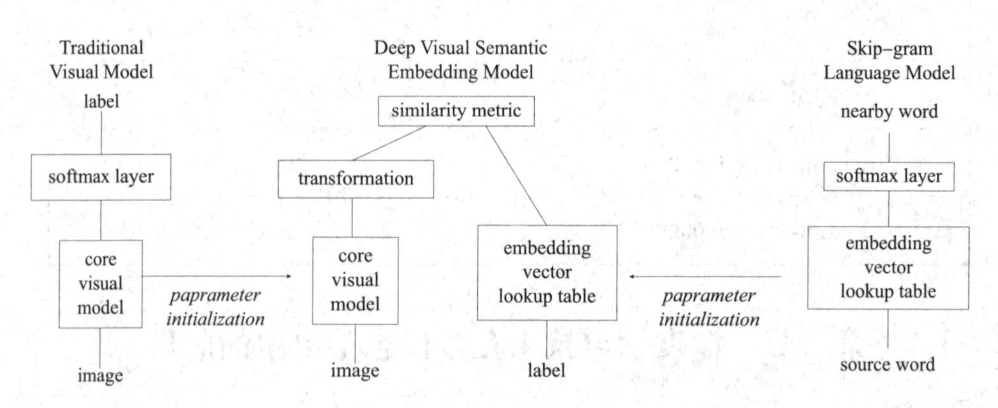

图 6-31　多模态 DeViSE 架构图解

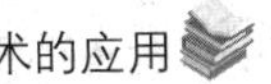

表 6-22　图中词语翻译对照表

英文词语	中文翻译
Traditional Visual Model	传统视觉模型
Deep Visual Semantic Embedding Model	深度视觉语义嵌入模型
Skip-gram Language Model	（Skip-gram）语言模型
label	抄本
softmax layer	softmax 层
core visual model	核心视觉模型
image	图像
parameter initialization	参数初始化
similarity metric	相似度矩阵
transformation	转换
embedding vector lookup table	嵌入向量查找表
source word	源单词

早期的 WSABIE 系统通过浅层结构来训练图像和标注之间的联合嵌入向量模型。WSABIE 使用简单的图像特征和线性映射实现联合嵌入向量空间，而不是在 DeViSE 中利用深层结构来得到高度非线性的图像特征向量。这样，每一个可能的标签都对应一个向量。因此，相比 DeViSE，WSABIE 不能泛化新的类别。

DSSM 中的“查询”和“文档”分支类似于 DeViSE 中的“图像”和“文本—标注”分支。为了训练端对端的网络权重，DeViSE 和 DSSM 所采用的目标函数都是和向量间余弦距离相关的。两者一个关键的不同点在于 DSSM 的两个输入集都是文本（例如，为信息检索设计的“查询”和“文档”）。因此，相比 DeViSE 中从一个模态（图像）到另一个模态（文本）而言，DSSM 中将“查询”和“文档”映射到同一语义空间在概念上显得更加直接。两者另外一个关键的区别在于 DeViSE 对未知图像类别的泛化能力来源于许多无监督文本资源的文本向量（没有对应的图像），这些资源包含未知图像类别的文本标注。DSSM 对未知单词的泛化能力来源于一种特殊的编码策略，这种策略依据单词的不同字母组合进行编码。

受到 DeViSE 架构的启发，一种新的方法被提出，即对文本标注和图像类别的向量进行凸组合，从而将图像映射到一个语义向量空间。这种方法和 DeViSE 的主要区别在于，DeViSE 用一个线性的转换层代替最后激活函数成为 softmax 的卷积神经网络图像分类器，新的转换层进而和卷积神经网络的较低层一起训练。该方法更为简单，保留卷积神经网络 softmax 层而不对卷积神经网络进行训练。对于测试图像，卷积神经网络首先产生 N 个最佳候选项，然后计算这 N 个向量在语义空间的凸组合，即得到 softmax 分类器的输出到向量空间的确定性转化。这种简单的多模态学习方法在 ImageNet 的零样本学习任务上效果很好。

另一个不同于上述工作但又与其相关的研究主要集中在多模态嵌入向量的使用上，来源于不同模态的数据（文本和图像）被映射到同一向量空间。例如，Socher 等利用典型相关性分析将词和图像映射到同一空间。Socher 等将图像映射到单个词向量，这样构建的多模态系统可以对没有任何个例的图像类别进行分类，类似于 DeViSE 中的零样本学习。Socher 等的最新工作将单个词的嵌入拓展为短语和完整句子的嵌入。这种从词到句子的拓展能力来源于递归神经网络和对依存树的扩展。

除了将文本和图像（反之亦然）映射为同一向量空间或者创建一个联合的图像 / 文本嵌入空间，文本和图像的多模态学习同样适用于语言模型的框架。研究着眼于建立一种自然语言模型，这个模型依赖其他模态，如图像模态。这类多模态的语言模型被用于以下几方面：①分局给定的复杂描述的查询检索图像；②根据给定的图像查询检索出相应的短语描述；③给出图像相关文本的概率。通过训练多模态语言模型和卷积神经网络的组合来联合学习词表示和图像特征。图 6-32 是多模态语言模型的一个图解，表 6-23 为图中词语翻译对照表。

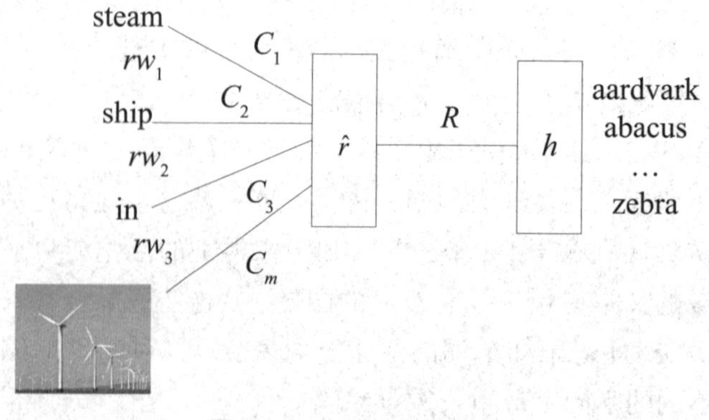

图 6-32　多模态语言模型

表 6-23　图中词语翻译对照表

英文词语	中文翻译
steam	蒸汽
ship	船
in	在
aardvark	土豚
abacus	算盘
zebra	斑马

二、多模态：语音和图像

Ngiam 等评估了用神经网络学习音频 / 语音和图像 / 视频模态特征的优势。他们论述了两感交叉（cross-modality）特征学习，指出在特征学习阶段，相比只有一个模态（如图像），多模态（如语音和图像）可以学到更好的特征。

基于非概率的自编码器采用的是利用深度生成式架构进行多模态学习的方法，然而近年来在相同的多模态应用中也出现了基于深度玻尔兹曼机（DBM）的概率型自编码器。一个 DBM 用来提取整合了不同模态的统一表示，这一表示对分类和信息检索任务来说都是很有帮助的。与为了表示多模态输入而在深度自编码器中采用的“瓶颈”层不同的是，这里我们先在多模态输入的联合空间中定义一个概率密度，然后用定义的潜在变量的状态作为表示。由于 DBM 的概率公式在传统的深度自编码器中是没有的，因此这里采用概率形式的优势在于丢失的模态信息可以通过从它的条件概率中采样来弥补。图 6-33 展示了一个用来分离音频 / 语音和视频 / 图像输入通道的双模深度自编码器（Bimodal Deep Autoencoder）架构，表 6-24 为图中词语翻译对照表。这个架构的本质是利用一个共享的中间层表示两种模态。

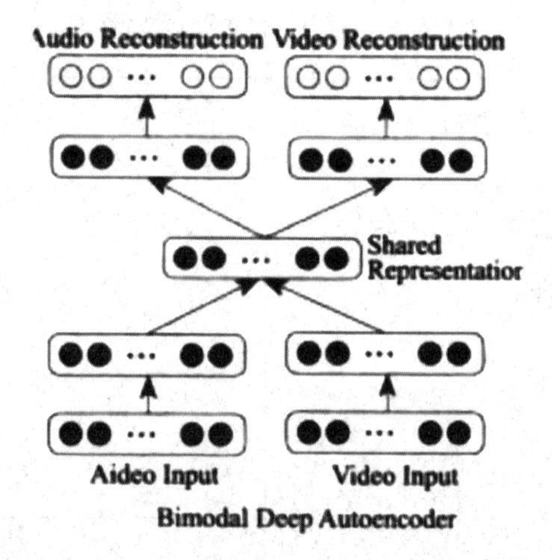

图 6-33 双模深度自编码器架构

表 6-24 图中词语翻译对照表

英文词语	中文翻译
Audio Reconstruction	音频重建
Audio Input	音频输入
Video Reconstruction	视频重建
Video Input	视频输入
Shared Representation	共享表示
Bimodal Deep Autoencoder	双模深度自编码器

基于非概率的自编码器采用的是利用深度生成式架构进行多模态学习的方法，然而近年来在相同的多模态应用中也出现了基于深度玻尔兹曼机（DBM）的概率型自编码器。一个 DBM 用来提取整合了不同模态的统一表示，这一表示对分类和信息检索任务来说都是很有帮助的。与为了表示多模态输入而在深度自编码器中采用的“瓶颈”层不同的是，这里我们先在多模态输入的联合空间中定义一个概率密度，然后用定义的潜在变量的状态作为表示。由于 DBM 的概率公式在传统的深度自编码器中是没有的，因此这里采用概率形式的优势在于丢失的模态信息可以通过从它的条件概率中采样来弥补。

由于多模态学习允许共享不同的输入数据集，因此知识传递可以在看似不同的学习任务中进行。[①] 图 6–34 的学习架构和关联的学习算法有利于学习任务的完成，这是因为它能够学习捕捉潜在因素的表示，这些因素的子集和某个特定任务相关。表 6–25 为图中词语翻译对照表。

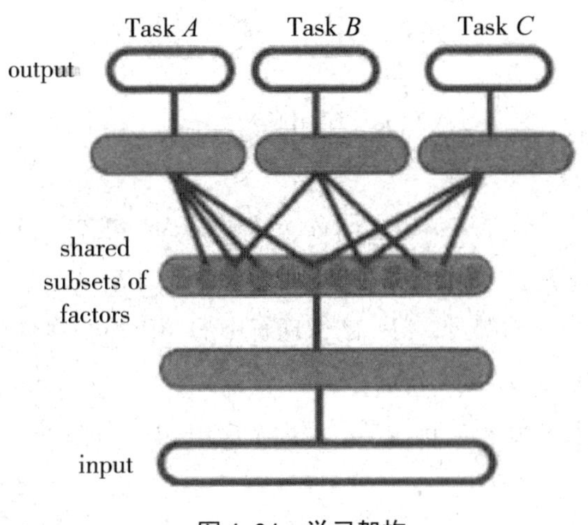

图 6–34　学习架构

表 6–25　图中词语翻译对照表

英文词语	中文翻译
Task *A*	任务 *A*
Task *B*	任务 *B*
Task *C*	任务 *C*
output	输出
shared subsets of factors	共享因素的子集
input	输入

① 黄孝平 . 当代机器深度学习方法与应用研究 [M]. 成都：电子科技大学出版社，2017.

参 考 文 献

[1] 邓力，俞栋．深度学习：方法及应用[M]．谢磊，译．北京：机械工业出版社，2015.

[2] 俞栋，邓力．解析深度学习：语音识别实践[M]．俞凯，钱彦旻，译．北京：电子工业出版社，2016.

[3] 常亮，邓小明，周明全，等．图像理解中的卷积神经网络[J]．自动化学报，2016，42（9）：1300–1312.

[4] 陈海虹，黄彪，刘锋，等．机器学习原理及应用[M]．成都：电子科技大学出版社，2017.

[5] 陈倩．基于深度学习理论的教学法的研究[D]．上海：上海师范大学，2015.

[6] 陈云．深度学习框架 PyTorch：入门与实践[M]．北京：电子工业出版社，2018.

[7] 程显毅，施佺．深度学习与 R 语言[M]．北京：机械工业出版社，2017.

[8] 樊雅琴，王炳皓，王伟，等．深度学习国内研究综述[J]．中国远程教育，2015（6）：27–33，79.

[9] 何鹏程．改进的卷积神经网络模型及其应用研究[D]．大连：大连理工大学，2015.

[10] 黄琛．基于知识图谱表示学习的神经协同过滤框架[D]．南京：南京邮电大学，2020.

[11] 姜强，药文静，赵蔚，等．面向深度学习的动态知识图谱建构模型及评测[J]．电化教育研究，2020，41（3）：85–92.

[12] 蓝敏，殷正坤，周同驰．人工智能背景下图像处理技术的应用研究[M]．北京：北京工业大学出版社，2018.

[13] 李国强，张露．全卷积多并联残差神经网络[J]．小型微型计算机系统，2020，41（1）：30–34.

[14] 李卫 . 深度学习在图像识别中的研究及应用 [D]. 武汉：武汉理工大学，2014.
[15] 梁静 . 基于深度学习的语音识别研究 [D]. 北京：北京邮电大学，2014.
[16] 刘凡平 . 神经网络与深度学习应用实战 [M]. 北京：电子工业出版社，2018.
[17] 罗露 . 基于胶囊网络的图像识别算法研究 [D]. 重庆：西南大学，2020.
[18] 牟少敏，时爱菊 . 模式识别与机器学习技术 [M]. 北京：冶金工业出版社，2019.
[19] 彭红超，祝智庭 . 深度学习研究：发展脉络与瓶颈 [J]. 现代远程教育研究，2020，32（1）：41–50.
[20] 任会之，孙申申 . 图像检测与分割方法及其应用 [M]. 北京：机械工业出版社，2018.
[21] 宋光慧 . 基于迁移学习与深度卷积特征的图像标注方法研究 [D]. 杭州：浙江大学，2017.
[22] 王次臣 . 基于深度学习的大规模图数据挖掘 [D]. 南京：南京邮电大学，2017.
[23] 王仁武，袁毅，袁旭萍 . 基于深度学习与图数据库构建中文商业知识图谱的探索研究 [J]. 图书与情报，2016（1）：110–117.
[24] 吴岸城 . 深度学习算法实践 [M]. 北京：电子工业出版社，2017.
[25] 吴秀娟，张浩，倪厂清 . 基于反思的深度学习：内涵与过程 [J]. 电化教育研究，2014，35（12）：23–28，33.
[26] 吴正文 . 卷积神经网络在图像分类中的应用研究 [D]. 成都：电子科技大学，2015.
[27] 张静，柴兴华，裴春琴，等 . 一种适用于广角、鱼眼及折反射系统的标定方法 [J]. 科学技术与工程，2018，18（5）：252–257.
[28] 奚雪峰，周国栋 . 面向自然语言处理的深度学习研究 [J]. 自动化学报，2016，42（10）：1445–1465.
[29] THOMAS S，PASSI S. PyTorch 深度学习实战 [M]. 马恩驰，陆健，译 . 北京：机械工业出版社，2020.
[30] 熊梦渔 . 基于深度神经网络的图像融合方法研究 [D]. 无锡：江南大学，2019.
[31] 闫琰 . 基于深度学习的文本表示与分类方法研究 [D]. 北京：北京科技大学，2016.

[32] 杨巨成，韩书杰，毛磊，等 . 胶囊网络模型综述 [J]. 山东大学学报（工学版），2019，49（6）：1–10.

[33] 杨露菁，吉文阳，郝卓楠，等 . 智能图像处理及应用 [M]. 北京：中国铁道出版社，2019.

[34] 杨强鹏 . 深度学习算法研究 [D]. 南京：南京大学，2015.

[35] 张全新 . 深度学习中的图像分类与对抗技术 [M]. 北京：北京理工大学出版社，2020.

[36] 张静，柴兴华，李小英，等 . 全景摄像机标定方法综述 [J]. 西安文理学院学报（自然科学版），2017（4）：59–65.

[37] 张仕良 . 基于深度神经网络的语音识别模型研究 [D]. 合肥：中国科学技术大学，2017.

[38] 郑伟 . 基于残差神经网络的图像阴影去除方法 [D]. 烟台：山东工商学院，2019.

[39] 郑远攀，李广阳，李晔 . 深度学习在图像识别中的应用研究综述 [J]. 计算机工程与应用，2019，55（12）：20–36.

[40] 周凯龙 . 基于深度学习的图像识别应用研究 [D]. 北京：北京工业大学，2016.

[41] 周涛，霍兵强，陆惠玲，等 . 残差神经网络及其在医学图像处理中的应用研究 [J]. 电子学报，2020，48（7）：1436–1447.

[42] 胡玉兰，赵青杉，陈莉，等 . 面向中文新闻文本分类的融合网络模型 [J]. 中文信息学报，2021，35（3）：107–114.

[43] 庄建，张晶，许钰雯 . 深度学习图像识别技术——基于 TensorFlow Object Detection API 和 OpenVINO™ 工具套件 [M]. 北京：机械工业出版社，2020.

[44] 胡玉兰，赵青杉，牛永洁，等 . 基于分层 Attention 机制的 Bi-GRU 中文文本分类模型 [J]. 长春师范大学学报，2021，40（2）：39–45.

[45] 肖智清 . 神经网络与 PyTorch 实战 [M]. 北京：机械工业出版社，2018.